机器人家族
超级战士

陈晓东 文　吴联芳 图

国防工业出版社
·北京·

图书在版编目（CIP）数据

机器人家族 . 1, 超级战士 / 陈晓东著 . -- 北京：
国防工业出版社, 2024. 12. -- ISBN 978-7-118-13577
-0

Ⅰ . I287.5

中国国家版本馆 CIP 数据核字第 202410ZQ21 号

国防工业出版社出版发行

（北京市海淀区紫竹院南路 23 号　邮政编码 100048）
北京虎彩文化传播有限公司印刷
新华书店经售
*
开本 710×1000　1/16　　印张 15　　字数 240 千字
2024 年 12 月第 1 版第 1 次印刷　　印数 1—10000 册　　定价 98.00 元

（本书如有印装错误，我社负责调换）

国防书店：（010）88540777　　书店传真：（010）88540776
发行业务：（010）88540717　　发行传真：（010）88540762

智能宝初露锋芒	01
"蝴蝶"探敌营	09
"壁行侠"破解孤岛困局	17
"金灿灿"潜水移炸弹	25
排爆机器人临危受命	33
排爆大作战	41
黑衣人的报复	49
绝地反击	57
海上对决	65

宇辰

年龄：9岁　身份：小学三年级学生

介绍：宇辰是一个勇敢正直的小男孩，遇到困难时总是第一个站出来。他好奇心强，对周围的一切充满探索欲。对科学，尤其是人工智能技术特别感兴趣，脑子里总是充满了各种奇思妙想。他也有一些小缺点，比如有时候会因为太好奇而把自己卷入一些小麻烦。

宇辰爸爸

年龄：42岁　身份：机器人专家

介绍：宇辰爸爸是一位冷静而理智的科学家，即使面对突发状况也能保持镇定。他性格谦虚，对科研事业充满热情，经常沉浸在书海中，不仅爱读科学书籍，对历史和军事题材的图书也广为涉猎。在与神秘对手的斗智斗勇中，他多次运用兵法策略化险为夷。

智能宝

年龄：1岁　身份：宇辰的宠物机器狗

介绍：智能宝是宇辰爸爸精心设计的机器狗，不仅继承了宇辰爸爸的冷静和智慧。而且具备小狗活泼和好动的天性。智能宝还拥有多种"变身能力"，可以在特殊时期变成能执行不同任务的机器人，帮助宇辰解决各种难题。

黑衣人首领

年龄：约35岁　身份：神秘武装组织头目

介绍：黑衣人首领是一个不择手段的人。他枪法精准，对待手下非常严苛。喜欢夸夸其谈。尽管他表面上显得很强大，但内心深处却隐藏着不安和恐惧。他总是试图控制一切，但最终往往会因自己的贪婪而自食其果。

　　宇辰的爸爸是一名卓越的科学家，在美丽的青石岛上设立了一座研究所，专注于智能机器人的研发。在宇辰9岁生日来临时，爸爸送给宇辰一只名为"智能宝"的机器人小狗作为礼物。不料，当日青石岛的网络系统突发故障，陷入了瘫痪。爸爸索性放下手头的工作，决定带宇辰到游乐场好好玩一玩。

　　就在前往游乐场的途中，他们遇见了几个行色匆匆的陌生人。这些人的装扮和行为看上去都十分可疑。结合全岛的网络故障，爸爸感觉事情并不简单，于是便驾车悄悄尾随其后，想要一探究竟……

智能宝初露锋芒

爸爸**全神贯注**地开着车,紧追不舍,生怕前方那些黑衣人会突然从视线中消失。夜幕降临,太阳的最后一抹余晖也隐在了地平线下,天色越发暗沉起来。突然,对方一个转向,驶入一片茂密的丛林,随后就如同被黑夜吞噬了一般,消失得**无影无踪**了。

爸爸果断刹车。把车停稳后,他带着宇辰和智能宝从车上下来,观察四周的环境。此时的丛林寂静得可怕,只有树叶在微风中轻轻摇曳,发出沙沙的声响。偶尔几声夜鸟的啼鸣传来,吓得宇辰一**哆嗦**,不由得握紧了拳头。

"爸爸，我们该怎么办？那些黑衣人不见了！"宇辰望向父亲，眼中满是焦急和不安。

爸爸的眉头轻轻一皱，瞬间又舒展开，他朝宇辰轻松一笑，"辰仔，别担心，咱们把**智能宝**放出去探一探。"说完，爸爸便抬起手腕，在智能手表上轻点了几下。

知识卡片

以绝影 X30 为例

续航时间	2.5~4 小时
最大速度	4.95 米/秒
可攀爬台阶最大高度/角度	20 厘米/≤ 45 度
载　荷	20 千克

随着一系列指令的输入，智能宝朝着宇辰摇了摇尾巴，然后灵巧地一跃，闯入了那片**未知**的丛林。

"爸爸……智能宝不就是一只宠物机器狗吗？除了给我讲故事，帮我捡飞盘，它难道还可以抓坏人？"宇辰惊讶地目送着智能宝的身影消失在黑夜中，心里又好奇，又激动。

"嘿，你老爸我可是专门研究机器人的科学家，老爸送你的机器狗，能是普通的玩具狗吗？这个智能宝呀，实际上是一台先进的**地面侦察机器人**，拥有实时监控系统和应急处理系统，能通过全景视角实时回传现场图像。派它去追踪黑衣人，再合适不过了。"此时此景，爸爸虽然很想压低嗓门跟儿子解释，但看到宇辰惊喜的模样，也不由得微微提高了音量。

"来，瞧瞧吧！"爸爸抬起手腕，立起表盘。只见智能手表发出一束光影，在他们视野的正前方投射出一小块**全息影像**，那是智能宝视角的画面，显示着一条条树根交错的小径，以及偶尔闪过的野兔身影。在这片黑暗中，智能宝犹如拥有**夜视眼**一般，清晰地捕捉着前方的景象。

"我的智能宝好厉害啊，这么黑还能看得一清二楚！"宇辰赞叹不已，看着屏幕的眼睛闪现着光芒。

"那必须的呀。"爸爸一边紧盯实时画面,一边继续向宇辰解释智能宝的"超能力","它拥有特别的本领,就像超级英雄一样,可以在昏暗、强光、闪烁甚至完全没有光源的极端环境下自由行动。"

"那要是关键时刻,智能宝突然没电了怎么办呢?"宇辰对上一次智能门锁因为没电了,把自己关在屋外半小时的经历记忆犹新。

"大可放心,智能宝具有超强的续航能力,它的电池可以持续工作2.5到4小时,而且续航里程可以达到10千米以上。遇到紧急情况,电池还可以在现场快速拆换。"

通过传输回来的影像,宇辰看到智能宝穿过密集的灌木丛,来到了一片崎岖不平的乱石滩。这里地形复杂多变,路面上又满是歪斜的岩石、倒下的大树和野蛮生长的杂草,阻碍重重。

"哎呀,这里的路况这么复杂,智能宝很容易被卡住呀!"宇辰眉头一皱,担心地说道。

"没有金刚钻,不揽瓷器活。"爸爸打趣道,"智能宝可是个运动健将,不管是崎岖不平的路面还是上坡、下坡,都难不倒它。即便是上下45度的楼梯,对智能宝来说也不在话下。"

果然,智能宝轻松穿越了各种障碍。它一路向前,最终来到一处较为开阔的地方。借着月色,宇辰和爸爸透过智能宝的眼睛看到了一幅令人惊讶的场景——只见一片空地上,紧凑地布局着临时搭建的营地,一些神秘的黑衣人正在进进出出。

"这些人在这里干什么?"宇辰的疑问脱口而出,语气中夹着几分紧张。

爸爸也是一脸疑惑:"看来这里是个秘密基地。我们需要更仔细地观察一下,才能弄清楚他们在搞什么鬼。"

宇辰和爸爸继续通过智能宝的视角,仔细观察着这个神秘的营地。他们发现这里似乎是某种研究场所,里面灯火通明,前方的空地上停放着一些飞行器,看起来十分先进,但似乎不属于任何已知的商业或军事组织。

"爸爸,快让智能宝走近点,听听他们在搞什么阴谋。"宇辰迫不及待地说道。

"不行。"爸爸的面色凝重起来,"智能宝的体型比较大,这样过去很容易打草惊蛇的。"

地面侦察机器人

大家好，我是智能宝，一台地面侦察机器人。作为军用机器人，我经常被派去丘陵、山地或丛林等复杂环境，收集重要信息。

我有超灵敏的传感器，能快速察觉周围的动静。不管是陡峭的山坡还是密林，我都能灵活自如地移动，把潜在危险和敌人的动向一一捕捉。我的智能系统会为我规划最安全、最快的路线，帮助我顺利完成任务。

所以，别瞧我只是一台机器人，其实我更像一名训练有素的侦察兵，随时准备探索未知，收集情报。每当我完成任务，看着我的队友们因为我的努力而在战场上占得先机，我都会感到无比自豪！

地面侦察机器人是如何前进的?

地面侦察机器人装配了不同的结构,从而拥有不同的"前进"方式,每种方式都各有所长。比如轮式结构,就适合在较为平坦的地形上快速前进;如果是履带式结构,在泥泞或崎岖地形上的表现就会特别棒,能做到像坦克一样如履平地;还有一种腿式结构,能在复杂多变的地形中灵活移动,简直太酷了!

地面侦察机器人会迷路吗?

几乎不会,因为地面侦察机器人有许多双"眼睛"和聪明的"大脑"。例如,全球定位系统(GPS),它能帮助机器人从卫星那里接收位置信息;还有惯性导航系统(INS),它能通过测量机器人的加速度,告诉它方向和速度……另外,地面侦察机器人还拥有航迹推算技巧,能够通过已知的起点和飞行方向来估算位置。它们的自动飞行控制系统还能根据任务自动调整飞行路径。有了这些导航工具,它们想迷路都难!

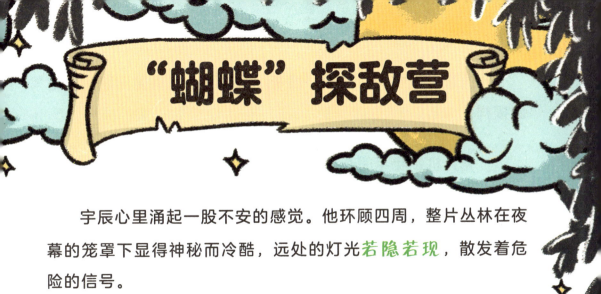

"蝴蝶"探敌营

宇辰心里涌起一股不安的感觉。他环顾四周，整片丛林在夜幕的笼罩下显得神秘而冷酷，远处的灯光若隐若现，散发着危险的信号。

"爸爸，我们还是先报警吧！"宇辰提议道。

"遇到危险找警察，辰仔，你这个思路是没错，但是……"爸爸犯愁地推了推眼镜，继续分析道，"现在岛上的通信被切断了，想和外界联系可没那么容易。这事八成跟他们有关，恐怕他们还有什么更大的阴谋……"

宇辰一听，急得抓耳挠腮："要是我能像孙悟空一样会七十二变就好了，那样我就能变出翅膀飞过去，看看他们究竟在干什么坏事！"

"嘿，你这倒是提醒我了！"爸爸眼睛一亮，说着便走到车后打开后备箱，像变魔术一样，从里面拿出一只带翅膀的家伙和一个遥控器。

"这是'蝴蝶',一架扑翼无人机。" 爸爸做出隆重介绍的模样。

"无人机?我平时看到的无人机可不长这个样子,它们更像直升机,还有螺旋桨呢。"宇辰想到了前几天在科技馆看到的无人机表演。

"你说的那些是多旋翼无人机。"爸爸解释道,"这架无人机是仿生的扑翼无人机,它可以模仿蝴蝶飞行,不仅比普通无人机更省电,而且能灵活应对各种飞行环境。另外,它比其他无人机安静得多,非常适合执行秘密任务和从事侦察工作。"

"我懂了,爸爸是想派蝴蝶飞去黑衣人的营地,一探究竟!"

"没错!"爸爸一边点头,一边启动了遥控器上的开关。只见"蝴蝶"扑腾着翅膀,就像真正的鸟儿一样,轻盈地向着丛林深处飞去。

知识卡片

扑翼无人机

翼　　展	约 62 毫米
最大飞行高度	200 米
最大平飞速度	1.5 米/秒
续航时间	10 分钟

"蝴蝶"在树林间悄无声息地穿梭，很快就来到了黑衣人的营地。

结合智能宝传输回来的影像，他们看到其中一栋建筑的窗口处人影晃动，显然有不少人在里面议事。

"这些黑衣人在里面开会呢。"宇辰指着实时画面说道。

爸爸操作遥控器，指挥"蝴蝶"飞向了那栋建筑的窗口。

"爸爸，快听听，他们在说些什么？"

"别急。"爸爸不慌不忙地回道，"这架无人机不能实时传输声音，但它身上携带了录音设备，这些黑衣人究竟在密谋什么，等它回来我们就知道了。"

大约过了半小时,神秘建筑里的黑衣人渐渐散去。

"可以让"蝴蝶"回来了吧?"宇辰迫不及待地问道。

父亲娴熟地操控着无人机返航。很快,一抹暗影自树丛中疾飞而出。

"'蝴蝶'回来了!"宇辰兴奋地喊道。

只见"蝴蝶"犹如灵巧的小精灵,轻盈地降落在爸爸的手掌上。爸爸轻手轻脚地从无人机上卸下录音设备,按下了播放键。随着录音一字一句地传出,父子俩的心都被提到了嗓子眼儿!

他们全神贯注地聆听着录音,不放过其中任何一处细节。听着听着,两人的脸色却越发凝重起来……

通过录音，宇辰和爸爸得知了一个令人震惊的秘密：原来，这些黑衣人竟是来自遥远 Z 国的恐怖组织，他们此次的行动目标是青石岛特有的 X 晶石。这种晶石提炼出的特殊元素具有极强的威力，可被用来制造武器。正如爸爸的推测，黑衣人为了达到目的，一来就破坏了岛上的信号基站，切断了青石岛与外界的通信联系，让青石岛成为一座信息孤岛。

更可怕的是，黑衣人现在又将目光转向了青石岛对外的唯一通道——青石大桥。他们计划在桥下安装定时炸弹，并在时机成熟时引爆，彻底切断岛内外的交通，以便为搜寻和开采 X 晶石争取更多的时间。

宇辰深吸一口气,情不自禁地抓紧了爸爸的胳膊。

"事情比预想的要严重一些呀……"爸爸的拳头也不由得紧握起来,"我们必须阻止他们!"

"爸爸,接下来我们该怎么办?"宇辰感觉自己圆圆的小脑瓜有点不够用了。

夜风轻轻吹过,树叶沙沙作响,仿佛也在为他们担忧。

"你先到车上等我。"爸爸略作思考后说,"我把智能宝调回来。"

宇辰走向汽车,心中思绪万千。他知道,接下来的每一步都至关重要。青石岛的命运,以及岛上所有居民的安全,如今都像巨石一般压在了他们的肩上。

无人机家族

本"飞侠"来也！大家好，我是空中机器人，你们也可以叫我"无人机"。作为一款小型飞行器，我可以在空中自由翱翔，执行各种任务。

我们"无人机家族"成员众多，从个头上看，既有大一点的常规无人机，也有像"蝴蝶"一样的微型飞行器。在日常生活中，我们可以喷洒农药、运送货物、执行空中摄影等任务。在军事上，我们大展拳脚的地方就更多啦！侦察与监控无人机"眼睛"特别"尖"，擅长收集与传递情报；电子对抗无人机可以对敌方的通信网络进行干扰，阻止其正常运转；攻击无人机能够携带多种武器，锁定目标，进行精确打击……可以毫不夸张地说，我们"无人机家族"可是军事战场上举足轻重的秘密武器哟！

无人机能飞多远呢?

这个问题嘛……因"机"而异!如果是用于航拍或者跟拍的无人机,它们通常喜欢就近玩耍,飞行距离一般在 10 千米以内。执行特殊任务的无人机,往往能飞得更远,比如帮助科学家进行研究的无人机,或者军队里的无人侦察机,为了完成任务,它们可以飞几百千米甚至超过 1000 千米!

无人侦察机需要人工遥控吗?

有时需要,有时不需要。执行短距离飞行任务的无人机,可以采用人工遥控;但对于执行远距离飞行任务的无人机来说,用人工遥控可就有点力不从心了。这类无人机大都配备有任务控制计算机和自动驾驶仪,可以提前设定飞行路线,自动执行更加复杂的飞行任务。一些高级无人侦察机凭借自己的"最强大脑",还能轻松避开障碍物,甚至在迷路时安全返回。

"壁行侠"破解孤岛困局

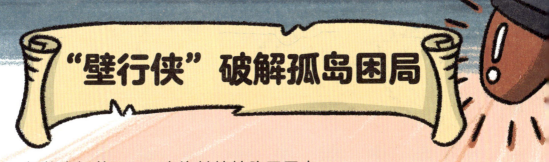

智能宝摇着尾巴,身姿敏捷地跑了回来。

"智能宝,快上来!"宇辰打开车门,朝智能宝挥手。

智能宝一跃而起,轻盈地跳进了宇辰的怀中。

"我们必须赶紧回到镇上寻求支援。"爸爸一边说着,一边坐进驾驶座,熟练地发动了汽车。

智能汽车悄无声息滑了出去,在寂静的夜幕下仍然惊起了一些夜鸟。

营地里突然响起了一阵急促的警报声,一束束强光扫向森林。黑衣人们迅速反应过来,纷纷拿起手中的武器,从营地的不同方向冲了出来。

"糟糕,他们发现我们了!"爸爸眉头紧锁,加大油门,车子如离弦之箭般疾驰而去。

黑衣人也驾驶着汽车紧追了过来。

汽车很快驶到**断崖**处，前方已经没路了。爸爸一脚踩下刹车，朝宇辰喊道："快下车！"

父子俩迅速跳下了车，爸爸紧握着宇辰的手，朝树林间狂奔。

"别让他们跑了！"黑衣人也纷纷弃车，大喊着追赶了上来。

爸爸喘着粗气，突然停了下来，他略作思考，指向黑衣人基地的方向："快往那边跑！"

"那可是他们的基地，我们去不是<u>自投罗网</u>吗？"宇辰大惑不解。

"在这节骨眼，最危险的地方往往最安全！"

父子俩朝着基地的方向飞奔而去。此时，黑衣人的营地一片寂静，看来为了追捕两人，他们已经**倾巢出动**了。

"黑衣人不会突然回来吧？"宇辰紧张地观察着四周。

"暂时不会，他们着急炸毁青石桥，找不到我们，他们肯定会直奔大桥，以免夜长梦多。"

"那上面是什么东西？"宇辰松了一口气，目光又被高处的一股绿光吸引住了。爸爸循光望去，发现了一个拔地而起的金属立柱，上面高挂着一个发绿光的**匣子**。

"可能是某种信号屏蔽器，也许就是它切断了青石岛对外的网络信号。"

"也就是说，只要把它关掉，我们就能与外界联系了？"宇辰睁大了眼睛。

"没错，但是这个金属立柱估摸有十几米高，怎么才能够得着呢……"爸爸皱起了眉头。

短暂而快速地思考后,爸爸从口袋里拿出手机,打开一个应用:"差点把它给忘了,我们可以找爬壁机器人来帮忙!"

"现在又没网,拿手机管什么用?"宇辰好奇地问。

"这个应用可以通过内部局域网连接研究所的设备,我要调一批机器人过来!"爸爸一边解释,一边用手指在屏幕上快速滑动。大约10分钟后,父子俩的头顶上传来了一阵嗡嗡的声响。

"帮手来了!"爸爸兴奋地指向天空。只见一架中型无人机缓缓降落,舱门打开后露出了各式各样的机器人。它们有的小巧玲珑,有的外形奇特,仿佛都来自科幻世界。

"哇,真是'天降奇兵'呀!"宇辰激动地喊道,双眼发亮。

知识卡片

以爬壁机器人为例

速　　度	>10米/分钟(常温测量)
吸附介质	弧形墙壁、玻璃幕墙、瓷砖墙面、水泥粉刷墙面等
负　　载	2千克

"现在时间紧迫，只有我们能去阻止黑衣人炸毁青石桥了，这些机器人应该能派上大用场！"爸爸率先挑选出一款机器人，说道，"这种爬壁机器人利用磁性装置吸附于外壁，能够在垂直、倾斜甚至是弯曲的表面上行走。"

"我倒要见识一下它的厉害！"宇辰对眼前这个小家伙充满了期待。

"接下来，就让'壁行侠'大展身手吧！"爸爸操作遥控器，爬墙机器人沿着金属立柱的外壁灵活地攀爬而上，很快抵达了顶端。

借助机器人的摄像头，爸爸确认了上面的情况，兴奋地说："跟我们预想的一样，这确实是一个大功率的信号屏蔽器，只要切断它的电源，就能解除屏蔽！"

宇辰**聚精会神**地看着屏幕上的画面，只见壁行侠慢慢地靠近屏蔽器。

"爸爸，它能找到电源线吗？"宇辰有些紧张地问道。

"别担心，壁行侠装备了多种工具，处理这类任务手到擒来。"

很快，壁行侠就顺利找到了屏蔽器的电源线。爸爸指挥它使用**绝缘钳**小心翼翼地切断了电源线。随着一声轻微的"咔嚓"声，屏蔽器的绿灯逐渐熄灭。

"成功了！"爸爸激动地喊了出来，同时掏出手机点亮屏幕，果然见上方的信号条成了满格。

爬壁机器人

大家好,我是"壁行侠",也就是爬壁机器人。我是一种能在垂直墙面上攀爬并完成特定任务的自动化机器人。别看我外表普通,但我能干的工作可多着嘞!例如,在紧急情况下,我可以协助进行反恐侦查或地震后的搜救工作;在高楼大厦上,我可以帮忙清洗外墙;在石油化工厂里,我可以检查大罐子的安全情况……有了我,许多原本难以触及或者极其危险的任务都可以轻松搞定!

爬壁机器人是怎么"吸"在墙壁上的呢?

爬壁机器人的吸附方式有两种,一种是仿生吸附,另一种是常规吸附。仿生吸附的灵感主要来自自然界中的一些动物或昆虫的特殊能力,比如壁虎和水蛭,它们能在各种表面上自由爬行。另一种常规吸附其实更常见,比如利用磁性装置产生的磁吸附等。采用磁吸附方式的爬壁机器人更擅长在金属表面工作哦!

爬壁机器人能在墙上跳跃吗?

虽然爬壁机器人可以在壁面上灵活、快速地移动,但它们设计的重点在于稳稳地附着和移动,而不是跳跃能力。所以,按照现在的技术和设计,爬壁机器人通常是跳不起来的。不过,随着科技的不断进步,未来可能会有新的爬壁机器人技术出现,这些新技术也许会让它们拥有跳跃能力。想象一下,如果有一天爬壁机器人能像蜘蛛侠一样跳起来,那该多酷啊!

"金灿灿"潜水移炸弹

爸爸第一时间拨通了青石岛警方的电话，简短地说明了情况。

随后，父子俩找到自己的车，迅速启动后驶向青石桥。无人机载着众多机器人**紧随其后**。

汽车在狭窄的道路上疾驰，轮胎在碎石路上发出沙沙的声响，车身时不时地颠簸一下。宇辰紧紧抓住胸前的安全带，心跳加速，他知道他们正身处一场**生死攸关**的冒险之中。

当他们来到青石桥附近时，月色照映在海面上，波光粼粼。宇辰和爸爸将车停在远处，然后慢慢向青石桥靠近。只见青石桥上一些黑影在晃动，几艘快艇停靠在桥墩边，显得**鬼鬼祟祟**。

"跟在我身后……"爸爸小声嘱咐宇辰道。

两人悄悄躲到大桥下的一块礁石后,听到桥上那些黑衣人正**肆无忌惮**地大声交谈着。

其中一个黑衣人向首领模样的人报告:"老大,**炸弹**已经装好了。"

"很好,再过五分钟,我就要让青石岛成为一座真正的孤岛!"黑衣人首领嘴角挂着得意的狂笑。

"老大,那我们还回基地吗?"

"只要桥被炸掉,我们就可以在这座岛上随心所欲了,还回那片林子干什么……"

"爸爸,你快想想办法呀!"听到黑衣人的对话,宇辰心中顿时一紧。

"这么短的时间,警察怕是赶不过来了……咱俩又势单力薄……"爸爸一时间也拿不定主意。

智能宝似乎也察觉到了事情的严重性,轻靠在宇辰脚边,蹭来蹭去。

爸爸一下有了灵感:"对了,我们可以来个 调虎离山……"

"智能宝,现在就看你的了。"爸爸在手表上轻点了几下。

智能宝像一只小豹子一样窜了出去,风一般地冲向黑衣人。只见它一跃而起,准确地咬住了黑衣人首领手中的 遥控器,然后迅速消失在夜色之中。

"怎么会有条狗……快给我抓住它!"黑衣人首领因这突如其来的变故而暴跳如雷,愤怒的喊声在夜空中回荡。

黑衣人纷纷朝着智能宝消失的方向追去。月光下,他们的身影迅速变得模糊,如同在暗夜里穿梭的幽灵。

等到黑衣人的身影彻底隐没在夜色之中,父子俩才小心翼翼地从礁石后走出。海风轻拂过他们的脸庞,带着一丝凉意。

"我们必须争分夺秒,尽快移除桥墩下的炸弹。"爸爸低声说道。

"可是我们又不会潜水……"宇辰的目光落在幽深的海面上,心中涌起一阵不安。

"别担心。"爸爸指向停在不远处的无人机,"我们的机器人队友中可有潜水高手!"

知识卡片

以 MAX 2 行业级水下无人机为例

质　　量	10 千克
速　　度	2.056 米/秒
续航时间	240 分钟
下潜深度	40 米

爸爸从众多机型中挑选出一台涂装十分惹眼的水下机器人。它的前端装有一盏明亮的探照灯，外壳被涂成了亮亮的橙色，整体造型酷似一辆小黄车。

"这台水下机器人名叫'金灿灿'，它配备了大推力推进器，可以全维度姿态控制，能在水下来去自如！"爸爸自豪地介绍着，然后操控"金灿灿"潜入水中。

"金灿灿"一进入水下，前端的探照灯就亮了起来，照亮了漆黑一片的海底世界。

很快，"金灿灿"就来到了青石大桥的桥墩之下，利用先进的定位技术锁定了炸弹的位置。

在爸爸的精确控制下,"金灿灿"利用拓展接口上装配的爪形机械手拆下炸弹,然后稳稳固定住,向深海的方向游去。

几分钟后,智能宝也收到指令。它敏捷地一甩头,将遥控器远远地抛了出去。紧随其后的黑衣人迅速捡起了遥控器,将其交给了他们的首领。

"可恶的狗……"首领怒不可遏,接过遥控器,毫不犹豫就地按下了启动键。随即,远处传来一声沉闷的爆炸声。

"哼哼……"首领发出得意的冷笑,随即,他的眼中又露出凶光,"这不是普通的狗,留几个人继续搜,我倒要看看,究竟是谁敢来坏我的好事!"

另一边,宇辰和爸爸注视着远处海面一阵水花升腾,终于松了口气。

"智能宝……"宇辰悬着的心刚一落地,就又开始担心起智能宝的安危,"爸爸,快让智能宝回来吧!"

水下机器人

大家好，我是水下机器人！我可是个水下探险高手，能在危险、黑暗甚至零可见度的水域里大显身手。我的身影遍布各个领域：在深海里探寻未知的宝藏，帮考古学家挖掘尘封的历史、在渔场里帮助投饵和捕捞，在军事行动中悄无声息地侦察敌人的动向……我身上还装备着各种"高科技"：声呐系统帮我"看"清四周，摄像头和照明灯让一切都无处遁形，机械臂助我轻松搞定各种任务。随着技术的发展，未来的我会变得更聪明，无论多么复杂的任务都能轻松搞定。我真是太期待能迎接更多的水下挑战呀！

水下机器人是如何完成任务的呢?

水下机器人分为两大阵营：远程操作水下机器人和自主水下机器人。远程操作水下机器人通过长长的电缆与母船相连，以接收船上操作员发来的指令，然后"听命行事"。自主水下机器人没有缆绳的束缚，自带导航系统，能够自己规划路线，执行任务，完全不需要操作员实时指挥。虽然水下机器人的工作方式不同，但都能出色地完成所承担的水下任务！

水下机器人不害怕水压吗?

它们还真不怕！因为水下机器人在设计和制造时，就特别考虑了水下的高压环境，尤其是那些要在深海工作的水下机器人，必须能够扛得住巨大的水压。为了做到这一点，它们的外壳和浮力材料都要特别设计，以确保在高压下不会变形或损坏。另外，水下机器人的密封技术也是耐高压的，这可是保证它们能在水下安全、有效工作的关键技术之一。

排爆机器人临危受命

青石镇的街道上 <u>空无一人</u>，两旁的路灯洒下柔和的黄光。

黑衣人的车队 <u>风驰电掣</u> 而来。助手坐在黑衣人首领身旁，指着地图介绍道："X 晶石就在镇区后面的山地上，从这里穿过镇区就能到达……"

"去问问，那只臭狗抓到了没有。"黑衣人首领的注意力有些 <u>飘忽不定</u>，他的目光不时地扫向车窗外，眉头微蹙："奇怪，这时候镇上应该有不少人，今天怎么这么清静？"

"也许青石镇的居民都睡得比较早？"助手的揣测明显有些底气不足。

"笨蛋，我们之前来这里侦察时可不是这样的！"首领用手击打着车窗，助手和其他部下都吓得不敢言语。

首领冷哼一声，目光更加犀利地扫视着四周。车辆在空荡荡的街道上飞驰，两侧的店铺大门紧闭，就连楼上的窗帘都被拉得严严实实。

突然，几辆警车从巷子中冲了出来，横亘在路中央。车上的扩音器里传来警告："前方车辆，请立即停车，全员下车！"

首领的表情瞬间阴沉，他转头看向助手："我们的行动这么隐秘，怎么暴露了？"

"也许……也许是刚才树林里的人通风报信的？"助手战战兢兢地回道，"不过老大，青石岛上警力有限，我们……我们也没必要担心……"

"谁敢阻挡我们，就让他消失！"首领愤怒地大喊。

双方很快展开激烈的交火。子弹呼啸着来回穿梭,浓浓的硝烟味在街头巷尾弥漫开来……

刚开始警察还占据着上风,但是黑衣人武器精良,人多势众。没过多久,警察就陷入劣势,被压制着退到了巷子里。

危难之际,夜空中突然出现一架无人机。无人机在黑衣人上方盘旋,里面传出宇辰爸爸的声音:"你们的阴谋已经暴露,赶快缴械投降!"

"就算知道我们的计划又能怎样?青石岛现在已经是一座孤岛,这里的人都插翅难逃,一切尽在我的掌控之中。"首领放肆地大笑。

"你们往青石桥的方向看,我们的援兵到了!"

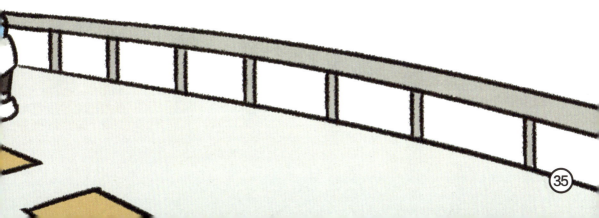

黑衣人纷纷扭头朝青石桥的方向望去,只见天空中、地面上出现了许多闪烁的亮光,正在快速地向这边靠近。

"这不可能啊,青石桥明明被我们炸掉了。"黑衣人首领难以置信,"就算你们能跟外界联系,援兵也不可能这么快就赶来……"

"你错了,青石桥根本就没被炸掉,炸弹提前一步被我们转移了。"

"你们这些蠢货!"首领回想起那爆炸声确实有些异样,恼怒地冲手下吼道。

"那……老大,现在该怎么办呀?"助手被吼得六神无主,"援兵一来,我们可就腹背受敌了!"

"你们听我的……"首领咬牙切齿,"分散撤退,顺便把定时炸弹放置到预定位置,我要让青石镇成为一片火海!"

黑衣人接到命令后,迅速钻进一条条小巷。当爸爸带着宇辰和智能宝赶到镇区时,他们早已没了踪影。

警察局局长赶紧迎上前来:"博士,还好你打了电话,我们提前进行了部署,撤离了这里的居民。不过黑衣人的火力实在是太猛了,我们差点就没顶住。对了,那些援兵……"

"刚才情况紧急,所以我利用研究所里的机器人发出大量的光和声,制造了援兵赶来的假象。"

"我爸爸这招是'三十六计'里的'无中生有'。"宇辰得意地说道。

"现在我们还有更紧迫的事情,刚才我听黑衣人的首领说要在镇子各处放置定时炸弹!"爸爸提醒道。

"我们警察局根本没有专业的排爆人员……"局长的声音在颤抖。

"我们可以利用**排爆机器人**来拆除这些炸弹!"宇辰爸爸抬起手臂,开始利用智能手表发送指令,"我的研究所有十多台排爆机器人,应该能应付。"

十分钟之后,十几台排爆机器人到达现场。

"这排爆机器人长得……"宇辰指着其中一台比画道,"也太像挖掘机了吧!"

"这是**履带式排爆机器人**,呃,它们看起来确实有点像挖掘机……不过,你马上就能见识到它们的厉害了!"

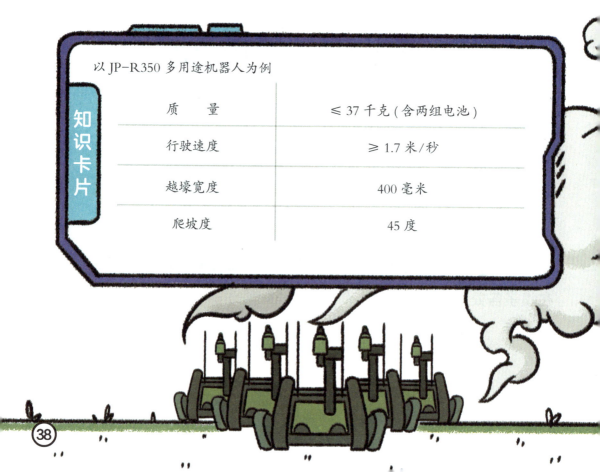

知识卡片

以 JP-R350 多用途机器人为例

质量	≤37千克(含两组电池)
行驶速度	≥1.7米/秒
越壕宽度	400毫米
爬坡度	45度

排爆机器人

"当当当——"我们排爆机器人闪亮登场啦!当可疑爆炸物出现时,我们冲锋在前,这样排爆人员就不必走近危险区域,从而保障他们的人身安全了。我们可以被远程操控,深入到可能存在爆炸危险的地方进行侦察。因为配备了先进的摄像头和传感器,所以我们能够将现场的实时情况,清晰地传输给后方的操作人员,让他们全面了解炸弹的位置、形态和周围环境,然后对其进行转移或拆解。在特殊情况下,我们还可以作为武力打击平台,配备小型武器进行防御或攻击。哈哈,我们排爆机器人是不是很厉害呀!

履带式排爆机器人能在哪里工作呢？

无论是崎岖不平的山地、乱石丛生的沟壑，还是松软的泥地或沙地，履带式排爆机器人都能轻松应对。地震、爆炸等灾难发生后的废墟里，到处都是残垣断壁和各种杂物，但这些都难不倒它们。它们能轻松爬过砖块、水泥块等障碍物，深入危险区域进行排爆作业。履带帮助机器人增大了与地面的接触面积，分散了重量，这大大减少了它们陷入困境的风险。

排爆机器人是怎样拆除炸弹的呢？

排爆机器人有爪手或夹钳，可以用来抓取爆炸物，然后将它们安全地运走。遇到引信或雷管，就将其直接拧下。为了对付各种各样的爆炸物，它们还可以更换不同大小的爪手，确保都能稳稳地抓住。有的排爆机器人还携带了水枪销毁器，将"水枪"对准爆炸物的定时装置或引爆装置，扣动"扳机"，就能实现精准销毁。

排爆大作战

　　此时已是深夜，紧张与恐惧的气氛紧紧包裹着整座小镇。大家都明白，小镇的安全已经与炸弹紧紧绑定，进入了倒计时！

　　爸爸一边紧张地调试排爆机器人，一边联系同事前来支援——他们可都是操控机器人的高手。局长也从警察局紧急调来训练有素的警犬。警犬凭借敏锐嗅觉，在小镇各处忙碌搜寻，很快便锁定了七处定时炸弹的位置。

　　正在大家争分夺秒地与时间赛跑之际，只听"轰"的一声巨响，远处一栋房子被炸塌，街道瞬间浓烟滚滚。巨大的冲击力让众人惊慌失措，纷纷后退，宇辰也吓得赶紧躲到了爸爸身后。

"这些定时炸弹还会陆续爆炸，我们得赶紧行动，刻不容缓。"爸爸迅速平复心情，操控排爆机器人向炸弹位置进发，其他同事也纷纷投入工作。

宇辰目不转睛地看着爸爸手中的操作屏，画面显示排爆机器人在各种建筑间穿梭，它们的履带与地面摩擦发出轻微的声响，一有异动，宇辰的心就立马跳到了嗓子眼儿！

这时，爸爸已经操控排爆机器人进入小镇的游乐场，那里是警犬确认的炸弹所在地之一。只见排爆机器人径直来到了摩天轮下，它身上的摄像头不断转动，将周围环境的影像清晰地传送了回来。

"发现炸弹!"爸爸突然喊道。

"是它吗?"宇辰看着屏幕上出现了一个黑色物体,它的形状不规则,表面似乎还有一些奇怪的纹路,散发着危险的气息。

爸爸来不及回答,他聚精会神地在操作面板上忙碌着,手指在各种按钮和摇杆间来回切换。排爆机器人缓缓靠近定时炸弹,它的摄像头不断拉近,将炸弹的细节清晰地展示在屏幕上。炸弹上的计时器在不断跳动,让人心惊胆战。

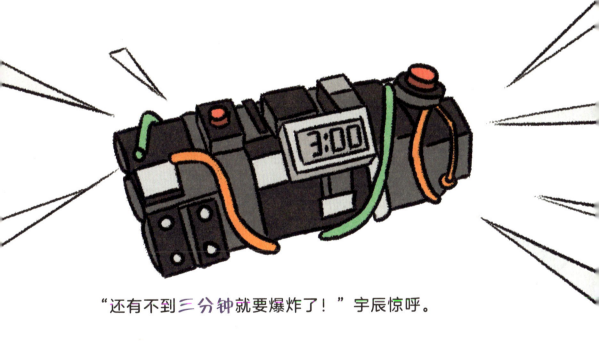

"还有不到三分钟就要爆炸了!"宇辰惊呼。

"我要用排爆机器人自带的水枪销毁器把炸弹的定时装置击毁。"爸爸就像一个正在进行手术的医生,额头渗出细密的汗珠。

随着爸爸按下按键，一股高压水柱迸发出来，精准地击毁了炸弹的定时装置。爸爸擦了一下头上的汗，长舒一口气："成功！"

"排爆机器人真是太厉害了！让我也试试……"宇辰满脸兴奋，跃跃欲试。

"这可不是小孩子玩的游戏，危机还没解除，辰仔，你快去安全的地方待着。"说完，爸爸又投入了下一场排爆。

宇辰被浇了凉水，嘟着嘴往警车旁走去，眼睛却始终追随着爸爸和他的同事们。

"成功拆除！""又拆了一个！""我这个也搞定了！"……好消息接二连三地传来。此时，所有人已经高度紧张地忙碌了好几个小时。

"已经拆掉了五颗炸弹，现在只剩下最后一颗了。"宇辰一个不落地统计着。

"这颗炸弹所处的位置极为偏远,且需要穿越之前炸弹爆炸所产生的建筑残骸区,时间恐怕来不及了……"一旁的局长看着手表上的时间,忧心忡忡地说道。

"履带式排爆机器人有一个缺点,那就是行驶速度不够快。如果派它去拆除最后一颗炸弹,时间确实不够,不过我还有一个秘密武器。"说着,爸爸便从众多的排爆机器人中,挑选出了一台外形与众不同的机器人。

"这台排爆机器人怎么既有轮子,又有履带呢?"宇辰瞪着求知的大眼睛问道。

"这是我们研制的轮履式排爆机器人,它的轮—腿—履带复合型移动结构,能让它能快速翻越障碍,平稳上下楼梯。"爸爸的同事帮忙回答道。

知识卡片

以"灵蜥"—HW55型排爆机器人为例

水平移动速度	36.78米/分钟
续航时间	2~7小时(根据运动状态决定)
越障高度	451.6毫米
爬坡度	38度

"它叫'灵蜥'。"爸爸一边介绍,一边为"灵蜥"装配上了方便作业的机械手,"接下来,就看你的了!"

在众人的瞩目之下,爸爸启动了"灵蜥"。只见它行动敏捷,先是快速穿过街道,接着顺利越过那片因之前爆炸而形成的废墟,成功进入了一栋楼内。

"灵蜥"沿着楼梯稳步攀爬,一层又一层,很快,它便**毫不费力**地抵达了楼梯的顶端——一颗定时炸弹正静静地躺在大楼的关键部位上!"灵蜥"缓缓伸出机械手,精准无比地夹住了引爆电线。

"咔嚓!"

人群中爆发出一阵欢呼,危机终于解除了!

此刻,太阳刚好从地平线上升起,阳光洒在小镇上,新的一天到来了。

轮履混合机器人

我们轮履混合机器人可是个神奇的存在呢！在平坦的路面上，我们的轮子能够快速滚动，帮助我们风驰电掣地行驶。一旦遇到崎岖不平的地形，比如险峻的山地、杂乱的瓦砾堆等，我们的履带又能大显身手了。履带有着较大的接地面积，能够有效地分散重量，从而让我们保持稳定，轻松地跨越各种障碍物和不平整的地面。更为厉害的是，我们可以根据不同的地形和任务需求，在轮式和履带式之间灵活切换，这极大地提高了我们的机动性和适应性。无论是在繁华的城市街道，还是在充满挑战的野外环境，我们都能够行动自如，出色地完成各种任务。

排爆机器人有多大呢?

排爆机器人按个头大小,可以分为小型、中型和大型。小型排爆机器人只有几十厘米高,特别适合在狭窄的空间里工作。中型排爆机器人长度在1~1.5米,能拆除更大的炸弹。至于大型排爆机器人,就如同一辆小汽车了,机械手可以任意角度旋转,能抓举约55千克的重物。它们一出场,就表示有大型爆炸物需要拆除啦!

排爆机器人是如何发现炸弹的呢?

排爆机器人通常配备了先进的传感器,如红外线传感器、金属探测器等。这些传感器对爆炸物非常"敏感"。一旦检测到爆炸物的蛛丝马迹,排爆机器人就会发出警报,提示操作人员可能发现炸弹。操作人员会对它们传回的信息进行分析和判断,然后发出下一步指令。

黑衣人的报复

惊心动魄的排爆工作大获全胜，每个人都兴奋不已，只有爸爸依然眉头紧锁，忧心忡忡。

"爸爸，炸弹都被咱们找出来了，你怎么还不高兴呀？"

"那些黑衣人一旦发现援军没有来，肯定会卷土重来……"爸爸的话刚一出口，周围的空气瞬间降入冰点。

就在这一片沉默中，警长的手机响了起来。他迅速接通，随着对话的进行，警长的脸上浮现出如释重负的表情："军方的增援部队即将抵达青石大桥，我们得救了！"

这个消息如一剂强心针，令所有人精神振奋，爸爸也终于松下了一口气。

约莫十分钟后,突然,从青石桥方向传来激烈的枪声,正当人们惊慌猜测时,警长的电话再度响起。接听后,他的脸色变得凝重。

"你猜得没错,"他转身对爸爸说道,"黑衣人察觉到上当了,在青石桥布下了陷阱,袭击了前来增援的部队!"

话音刚落,几架直升机呼啸而至,发出震耳欲聋的轰鸣声。最前方的一架直升机舱门大开,黑衣人的首领手持武器,对着下方疯狂扫射,子弹如暴雨般倾泻而下。

"昨晚竟然被你们骗了,今天谁也别想逃!"黑衣人首领咆哮道。

"快跑!"爸爸反应迅速,一把抓起宇辰的手,飞奔向屋下,其他人也吓得四散奔逃。

"跟我来!"警长一边勇敢地回击,一边带领众人撤退到一所学校内,躲进了一间不起眼的教室。

直升机在学校附近降落,黑衣人从机舱中蜂拥而出,开始四处搜寻目标。

"增援部队被阻截在外,而岛上黑衣人的装备远超我们,我们现在被困住了!"警长一边从窗口向外张望,一边咬牙说道。

几个黑衣人的身影已经出现在了学校操场,他们四处晃动,如同幽灵一般。

"我们不能坐以待毙！"爸爸望向警长，"研究所里有一批**地面作战机器人**，但需要机动部队的远程授权才能启动。"

"这事交给我！"警长的眼中闪过一丝希望。他立刻拨打电话，与上级取得联系，并最终获得了肯定的答复。

"我现在就去研究所**启动**那些机器人！"爸爸说道。

"我们去引开黑衣人，你们从学校侧门出去！"警长朝两名下属使了个眼色，还没等众人反应过来，他们就毫不犹豫地冲出教室，向黑衣人开火。

爸爸来不及多想，赶紧带着宇辰和智能宝绕过学校，快步向研究所跑去。

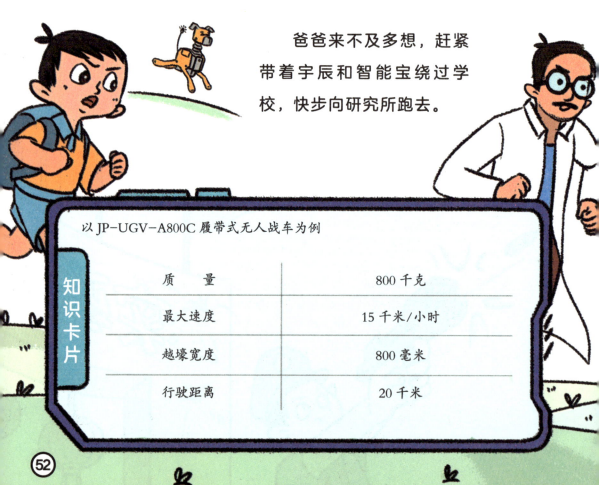

知识卡片

以 JP-UGV-A800C 履带式无人战车为例

质量	800 千克
最大速度	15 千米/小时
越壕宽度	800 毫米
行驶距离	20 千米

然而，一路上有太多的黑衣人，宇辰父子的行踪很快就被他们发现了！

爸爸带着宇辰冲进研究所，黑衣人紧随其后。他们射出的子弹从父子俩的耳边呼啸而过，直击走廊两侧的窗户玻璃，清脆的破碎声此起彼伏。

"快，走这边！"爸爸对这里了如指掌。父子俩穿过曲折的走廊，来到一道门前。这道门紧闭着，门口装有指纹锁。黑衣人首领率众持枪逼近，冷笑着看着他们："看你们还能往哪儿逃！"

在这千钧一发之际，智能宝突然跃起，直扑向黑衣人首领的面门。

"又是这只该死的臭狗！"首领狼狈地躲闪着，瞬间没了先前的威风劲儿。

爸爸趁机按下指纹锁按钮，机械门应声而开，许多台地面攻击机器人从里面冲了出来。

这些机器人有着银灰色的外壳，在微弱的灯光下闪烁着冷冽的光芒。它们的体型并不庞大，但显得异常坚固。每台机器人的前部都配备有一门高能激光炮，炮口对准黑衣人的方向。

"嗖——嗖——"，伴随着一阵响声，地面攻击机器人对黑衣人展开了猛烈射击。黑衣人毫无防备，几个应声倒地。

"辰仔别怕，"爸爸将宇辰紧紧搂在怀里，"相信爸爸，这些机器人会保护我们！"

更多的地面攻击机器人从研究所涌出，加入战斗。它们的动作协调一致，如同一支训练有素的军队，毅然决然地奔赴战场，逼得黑衣人节节后退。

"跟我进来，让黑衣人见识一下我们真正的实力！"爸爸指着门后说道。

地面作战机器人

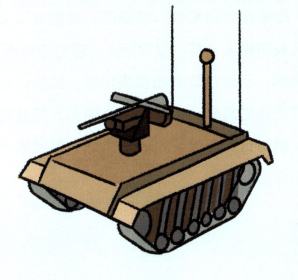

大家好!我是地面作战机器人。我的外壳是用高强度合金材料打造的,能抵御攻击,还有隐身涂层,能减弱自身的信号特征,逃过敌方的雷达监控。我装备了多种传感器,能获取环境信息,进行目标识别与跟踪;还能搭载不同的武器,实现自我防御和远程的精准打击。我乐意与其他作战机器人共享信息,也能与人类协同作战。总之,集成了先进技术和智能算法的我,能在各种地形执行侦察、巡逻、火力支援和目标摧毁等任务。

地面作战机器人长得像人类士兵吗？

如果你老刷视频，看动漫，可能会以为地面作战机器人长得跟人一样，但实际上，它们的外形可不受"人"的限制，而是由作战场景决定的。比如，它们有可能是一部灵巧的汽车，也可能是一辆无人驾驶的坦克，或者是一架飞机，还可能是一门大炮，甚至是一个四不像的"小怪物"。

地面作战机器人是怎么识别敌人的呢？

地面作战机器人有"眼睛"，它们的"眼睛"是一套由人工智能来操控的目标探测系统，能够分析环境信息，实现对目标的自动识别和跟踪。更厉害的是，这套系统还应用了视觉识别技术，可以利用视觉传感器和图像处理技术，识别敌方人员的特征和行为模式。这些技术让地面作战机器人在没有人类直接操作时，也能有效地执行任务，提高作战的效率和安全性。

绝地反击

宇辰的心怦怦直跳，他迫不及待地跟着爸爸走进了仓库。

"哇！"一进来，宇辰就被眼前的景象震撼了：各种造型的地面作战机器人一字排开，有的还未组装完毕，各种零部件和装配工具散落一旁；另一边，各式各样的无人机井然有序地摆放着，其中一款小巧玲珑的机型数量不少，竟然都排成了方阵。

"爸爸，这么多小型无人机，是用来表演的么？"宇辰瞪大了眼睛，仔细打量着眼前这些小家伙。

"这可不是普通的无人机，是察打一体无人机！"爸爸的语气中带着一丝决绝，"现在，该轮到我们反击了！"

知识卡片

以 J001 察打一体无人机为例

质　　量	约 500 克
载　　荷	约 800 克（挂载重量，不含机身）
图传距离	DJI 03 Air Unit 最大 5 千米
续航时间	约 12 分钟

爸爸**稳步**走向控制台。坐定后，他伸出双手，熟练地敲打起键盘下达指令。指示灯闪个不停，跳跃的光点映照在爸爸的眼镜片上，宇辰一时间竟然看得入了迷。

"爸爸，这些无人机能帮我们做什么？"随着屏幕上的画面快速切换，宇辰看到了一架架无人机的实时状态。

"我要启动察打一体无人机，对周边区域进行巡逻和监控，一旦发现黑衣人的踪迹，便立即**出击**。"爸爸讲解道。

仓库的顶盖缓缓打开。伴随着螺旋桨轻盈的旋转声，数架察打一体无人机如同一只只精干的小猛禽迅速升空。它们的机身下挂着一个不起眼的"家伙"，在阳光的照射下反射出寒光。

与此同时,地面作战机器人如**钢铁洪流**般持续出击,形成一道坚实的防线。

"老大,我们遭到了猛烈的攻击……"一名部下惊惶失措地向黑衣人首领汇报。

"你们这群废物!"首领愤怒地一脚踢向部下。他万万没有料到,这个看似平静的小岛,竟然能做出如此迅速且高效的武装反击。

"昨天暗布了那么多定时炸弹,竟然都被他们**破解**了……"首领回想着这两天发生的一切,不由得惊出一身冷汗,"看来这岛上的武装力量,绝对不在我之下!"

"听我的,所有人,立刻**撤回**直升机!"首领拿起对讲机,不甘心地喊道。

首领率先冲向直升机,其他黑衣人也都争先恐后地攀上直升机。

"保持队形,从空中发起攻击!"黑衣人首领发出指令。

直升机上的黑衣人**疯狂**地朝地面射击,子弹如流星般坠落,地面作战机器人坚固的金属外壳被崩得火星四溅。它们一时间陷入困境,只得在**枪林弹雨**中苦苦坚守着阵地。

几名无辜的居民也不幸中弹,倒在了血泊中。

"爸爸,快想办法……"宇辰从显示屏上看到这一切,急得直跳脚。

"他们会为自己的恶行付出**代价**的!"爸爸快速操纵键盘,"察打一体无人机上先进的光学传感器如同锐利的鹰眼,我们马上就能锁定黑衣人的直升机群,进行**反击**!"

"无人机组,立即执行毁灭程序!"爸爸果断发出指令。

这时候,黑衣人正驾驶直升机试图再次从高空发起攻击,但就一转眼,其中一架打头阵的直升机却突然发生了爆炸!强烈的火光和震动袭来,一时间连显示屏上的影像都跳闪个不停。当实况图像再次稳定后,那架直升机早已坠地,只留下一片浓烟。

"爸爸……刚才发生了什么,那架直升机竟然被击毁了!"

"是察打一体无人机与敌机同归于尽了。"爸爸的话掷地有声,"它们的机身上悬挂着小型炸弹,锁定目标后,便以身去炸,与敌方同归于尽!"

"以身去炸……"宇辰惊呆了,他万万没想到察打一体无人机的打击方式竟然如此壮烈!

黑衣人首领在目睹了己方的惨重损失后,终于意识到了问题的严重性。他当机立断,指挥着剩余的几架直升机,仓皇地向海边飞去。那些直升机在他的指挥下,如同惊弓之鸟般慌乱地调整着方向。

但为时已晚,"敢死队"绝不会让它们轻易逃脱!一架架察打一体无人机如同舍生取义的勇士,锁定目标后便毅然决然地猛扑上去,一架架敌机注定在劫难逃。

一时间,青石岛上空回荡着爆炸声与金属碰撞的声音,那声音震耳欲聋。金属碎片如烟花般四处飞溅,砸在地上发出清脆的声响。但很快,这声音就被海风带走,只留下一片宁静……

察打一体无人机

大家好,我是察打一体无人机。你们瞧我的名字是不是有点稀奇?其实"察"就是侦察,"打"就是攻击,我不仅能在侦察时发现目标,还能第一时间对目标实施火力打击。我通常装备有炸弹等武器系统,以便发现目标后立即展开攻击。另外,和普通无人机相比,我的续航能力和载荷能力都更加强大,能够在空中长时间巡航并执行攻击任务。

察打一体无人机一般配备哪些武器呢？

察打一体无人机可以配备小型空地导弹，它们体积小、重量轻，但威力十足，能从远处精准打击目标；还可以配备各种不同类型的小型炸弹，它们成本低，可以大量使用；另外，还可以搭配机枪或机炮，它们射速快，能持续打击地面目标，形成强大的压制火力。

察打一体无人机能飞多高呢？

察打一体无人机能在几千米到一万多米的高空翱翔。在这个高度，地面上的很多危险都很难威胁到它，它可以更好地执行侦察和打击任务。察打一体无人机携带着先进的侦察设备，比如高清摄像头和雷达等，能从高空俯瞰广阔的区域，不放过任何一个可疑的目标。一旦发现敌人，就会迅速使用携带的武器进行精准打击，让敌人无处可逃。

海上对决

"敌机都被我们赶跑啦!"岛上的硝烟散去,宇辰兴奋得手舞足蹈。

"战斗还没有结束……"爸爸说着,就将目光再次转向了屏幕,调出了青石桥附近的实况画面。

空中战场的失利让黑衣人元气大伤,前来支援青石岛的军队趁机再次向其主力部队发起进攻。

"我们乘胜追击,黑衣人很快就会完蛋!"

"嘀——嘀——"突然,雷达传来预警,屏幕显示有几个亮点正在快速向青石岛靠拢。爸爸手指轻点触控屏,调整视角,放大画面。

"他们果然还有帮手……"

此时,黑衣人首领脸色阴沉,他乘坐的直升机缓缓降落在青石桥旁,刚才无人机的攻击让他心有余悸。

"老大,我们现在该怎么办?"助手灰头土脸,焦急地问道。

"慌什么慌!"首领透过直升机窗户望向远方,眼神仿佛能穿透迷雾看到希望。"昨晚我已经安排战舰前来支援了,"他特意压低嗓音,像是怕被偷听了去,"这时候应该快到了。"

助手顺着首领的视线望去,只见海面上几艘战舰正在迅速逼近。战舰在靠近战场的过程中,火炮瞬间齐发,炮弹倾泻而下,在海面上炸开。

随着战舰的到来,青石岛上的战局被扭转,黑衣人开始占据优势。

"他们竟然派来了战舰!爸爸,那我们再派察打一体无人机去对付吧。"

"携带炸药的察打一体无人机已经所剩无几了,就算全部出动,也对战舰形成不了威胁。"爸爸一边说,一边不停地在操作台上下达指令。

"那现在该怎么办?"

"看这里。"爸爸点开旁边的操作台,显示屏上出现了一排造型酷炫的**无人艇**,"这处海湾是我们的秘密无人艇基地,这些无人艇可是海上作战的高手,它们不仅移动起来十分灵活,攻击力也很强大,可以用来对付黑衣人的战舰。"

知识卡片

以 JHY-USV18 型智能双体无人艇为例

动　　力	锂电池
航　　速	5 节(最大)
满载排水量	160 千克
吃　　水	0.2 米

黑衣人首领看着战舰炮口喷吐而出的耀眼火舌，心中的惶恐瞬间就被抛到了九霄云外。他志得意满地对部下说道："谁还没个增援了？我们很快就能将青石岛收入囊中！"

"老大，有您的英明指挥，这些人不过是一群乌合之众罢了，哪里会是我们的对手呀。"部下谄媚地笑着。

话音未落，另一位助手就发出一声惊呼："老……老大，快看……"

首领望向海面，只见无数无人艇不知道什么时候出现在了舰船周围。

无人艇火力全开，一枚枚鱼雷弹倾泻而出，射向黑衣人的战舰，随即发生剧烈爆炸，海面上瞬时掀起滔天的巨浪。

黑衣人的船只在这强大火力的攻击下损失惨重，有的燃起熊熊大火，有的则直接被炸成了碎片！

"集中火力，击沉这些无人艇！"首领声嘶力竭地冲对讲机命令道。

无人艇却如同灵动的小鱼，在海面上快速穿梭，灵活地躲避着敌人的攻击。随着战斗的继续，无人艇的攻击也越来越猛烈。

尽管黑衣人拼命抵抗，但面对无人艇的高效打击，他们渐渐失去了反击能力。黑衣人的舰队陷入混乱，士兵们在甲板上慌乱奔跑，眼神里满是惊恐。

随着最后一艘战舰被击沉，黑衣人原本嚣张的气焰也消失得无影无踪，取而代之的是无尽的绝望。

"老大,再不走,我们就要**全军覆没**了……"助手颤抖着说。

首领脸色铁青,眼中满是不甘与怨恨,但他也明白局势的危急,咬着牙无奈地下达了命令:"撤!!"

在登上逃生船之际,他回头看向青石岛的方向,拳头紧攥,指甲几乎嵌进肉里。

"青石岛,我一定会**回来**的!"

战斗终于结束了,此时的海面一片狼藉,只剩下燃烧着的船只残骸还冒着缕缕黑烟。

"我们胜利啦!"青石岛上的人们爆发出一阵欢呼,他们相互拥抱,有的人喜极而泣。爸爸看着屏幕上欢呼的人群,环视着研究所内的各种机器人装备,眼底泛出了泪光。

"辰仔,这就是**科技**的力量!"

无人艇

我是无人艇,能在水面或水下自动航行,完成各项高难度或危险的任务。在水面,我可以执行侦察、导航、反潜、巡逻、打击海盗等任务;在水下,我可以从事资源勘探或救援工作。别看我个头不大,行动起来可是"嗖嗖"地快,也不容易被雷达发现,能在江河湖海自由穿梭。对了,我还有个升级版的好兄弟,叫作智能无人艇。它就更厉害啦,不仅能自主躲避障碍,还拥有自主学习能力呢!

无人艇的动力来源是什么呢?

无人艇的动力来源有很多,除了常见的柴油发动机,还有太阳能电池或燃料电池等。至于选择哪种动力来源,主要取决于无人艇的设计目的和使用环境。比如,柴油发动机适合需要强劲动力和长时间航行的无人艇;而太阳能电池和燃料电池则更适合需要安静航行,减少污染的环境。

无人艇很难对付吗?

其实单论"武力",想要摧毁无人艇并不难,小口径舰炮、高射机枪都可以做到。难就难在,如何及时发现并锁定无人艇。因为无人艇的个头不大,移动起来十分灵活。另外,无人艇本身的成本低,能大量生产和使用,而它们又能对战舰这样造价不菲的目标产生致命打击。"小投入,高回报",这就是无人艇上战场的优势。

写在最后的话

小读者们,大家好!我是陈晓东,一位机器人科学普及工作者,同时也是中关村融智特种机器人产业联盟的联合创始人。从最初接触特种机器人开始,我便将投身机器人的科学普及工作作为我毕生的追求。

"探索无止境,知识是基础",这是我对科学少年的寄语。为使更多的青少年了解科学知识,掌握科学方法,为新质生产力的蓬勃发展培养后备力量,目前,我们团队已与抖音合作,制作并上线了100条机器人科普短视频。未来,我们还将打造"科学少年"品牌,通过科普视频课程与实践活动相结合的方式,激发青少年的想象力、创造力,带领青少年积极探索未知,勇敢追寻梦想,共创美好未来。

在"机器人家族"系列图书中,作战机器人、救援机器人、重建机器人陆续登场,为大家上演了一个个精彩纷呈的故事。这些机器人很多都源于我国自主研发的机器人。其中大部分都来自中关村融智特种机器人产业联盟的成员单位。未来,成员单位还将凭借"天汇具身智能系统",为机器人提供核心智脑等关键技术。

书中涉及的机器人还有许多本领,受篇幅所限,没能在故事中更全面地展开。如果你们还想进一步了解这些神奇的机器人,可以扫描下方的二维码,观看与它们有关的精彩视频。

陈晓东

| 磁吸附爬壁机器人 | 仿生蝴蝶机器人 | 排爆机器人 | 四足机器人 | 无人艇 |

机器人家族
护卫奇兵

陈晓东 文　吴联芳 图

国防工业出版社
·北京·

图书在版编目（CIP）数据

机器人家族 . 2,护卫奇兵 / 陈晓东著 . -- 北京：国防工业出版社, 2024. 12. -- ISBN 978–7–118–13577–0

Ⅰ . I287.5

中国国家版本馆 CIP 数据核字第 2024SL2372 号

※

出版发行

（北京市海淀区紫竹院南路 23 号　邮政编码 100048）
北京虎彩文化传播有限公司印刷
新华书店经售

*

开本 710×1000　1/16　　印张 15　　字数 240 千字
2024 年 12 月第 1 版第 1 次印刷　　印数 1—10000 册　　定价 98.00 元

（本书如有印装错误，我社负责调换）

国防书店：（010）88540777　　书店传真：（010）88540776
发行业务：（010）88540717　　发行传真：（010）88540762

山火危机大爆发	01
浴火之战	09
浓烟危机	17
"地震"来袭	25
生机探寻者	33
危井救援	41
矿石危机	49
矿道遇险	57
凯旋时刻	65

宇辰

年龄：9岁　身份：小学三年级学生

介绍：宇辰是一个勇敢正直的小男孩，遇到困难时总是第一个站出来。他好奇心强，对周围的一切充满探索欲。对科学，尤其是人工智能技术特别感兴趣，脑子里总是充满了各种奇思妙想。他也有一些小缺点，比如有时候会因为太好奇而把自己卷入一些小麻烦。

宇辰爸爸

年龄：42岁　身份：机器人专家

介绍：宇辰爸爸是一位冷静而理智的科学家，即使面对突发状况也能保持镇定。他性格谦虚，对科研事业充满热情，经常沉浸在书海中，不仅爱读科学书籍，而且对历史和军事题材的图书也广为涉猎。在与神秘对手的斗智斗勇中，他多次运用兵法策略化险为夷。

智能宝

年龄：1 岁　身份：宇辰的宠物机器狗

介绍：智能宝是宇辰爸爸精心设计的机器狗，不仅继承了宇辰爸爸的冷静和智慧。而且具备小狗活泼和好动的天性。智能宝还拥有多种"变身能力"，可以在特殊时期变成能执行不同任务的机器人，帮助宇辰解决各种难题。

警察局局长

年龄：45 岁　身份：青石岛警察局局长

介绍：有勇有谋，身先士卒。曾经与宇辰爸爸并肩作战，共同击退黑衣人。

消防队队长

年龄：32 岁　身份：青石岛消防队队长

介绍：年轻有为的指挥官，无论是救火还是灾后救援，都临危不惧，指挥经验十分丰富。

为了开采能提升武器战斗力的 X 晶石，黑衣人一伙潜入青石岛，实施了一系列的破坏行动。为了守卫小岛的安全，宇辰爸爸调集研究所里的战斗机器人，与黑衣人展开了一系列的对战。

双方从地上打到天上，又从天上打到海上。最终，不敌海陆空战斗机器人的强大战力，黑衣人落败而逃……

然而，黑衣人对 X 晶石的觊觎并没有就此结束，他们竟然杀了一个回马枪！青石岛再次陷入困境……

山火危机大爆发

一个多月后,黑衣人带来的阴霾终于如同晨雾一般,渐渐地从青石岛上消散了,人们的生活也再次恢复了宁静。

小镇的中心广场上,智能宝在宇辰的指令下,灵活地跳跃、翻滚着,引得围观的孩子们纷纷拍手叫好。

"哇,它比真正的小狗还要聪明呢!"孩子们争先恐后,都想摸摸智能宝的小脑袋。

"那当然了,它可是机器狗,有时候比人类还要厉害呢!"宇辰满脸自豪,小胸脯挺得高高的。

突然,原本活泼的智能宝警觉起来,它的耳朵竖起,目不转睛地看向一个路人。

那个**路人**戴着口罩,看不清模样。还没等宇辰反应过来,智能宝就朝他跑了过去。

"智能宝,别乱跑!"宇辰一边喊,一边紧随其后地追了出去。但等他追出广场,智能宝和那个路人早已不见了踪影。

宇辰急得**六神无主**,只好赶紧回家找爸爸想办法。

"爸爸,智能宝丢了,它跟着一个陌生人跑了!"见到爸爸后,宇辰连说带比划,总算把事情的来龙去脉讲清了。

"别着急,智能宝身上有定位系统,找到它不难。"爸爸不紧不慢地打开手机,可是才过了一会儿,他的眉头就皱了起来:"咦,它的定位系统怎么关闭了呢?只能看到智能宝最后出现在**后山**。"

"爸爸,智能宝肯定遇到危险了,咱们得去救他!"

"事情恐怕不简单……走,咱们现在就去后山。"

父子俩钻进汽车,一路朝着后山开去。后山是一片林区,树木枝繁叶茂,远远望去,仿佛一片**生机盎然**的绿色海洋。

"智能宝平时很乖的,怎么会突然去追陌生人呢?"路上,宇辰说出了心中的疑惑。

"虽然我特意用 AI 技术把它训练得像一条真正的狗,但它今天这反应……"爸爸用手指敲了敲方向盘,"确实很**反常**。"

两人正说着,宇辰突然指向前方,惊慌地喊道:"爸爸,你快看!"

知识卡片

★ 以侦察子母机器人为例

质量	460 千克
行走速度	0.3 米/秒
最大越障高度	0.2 米
最大爬坡角度	30 度

爸爸抬眼望去,只见一股**浓烟**从山腰上升腾而起,如同一头黑色的巨兽张牙舞爪地冲向天空。

"发山火啦!"爸爸禁不住喊了出来,随即一脚刹车,赶紧把车停了下来。

"智能宝可能被困在那里,咱们快去救它吧!"宇辰摇着爸爸的胳膊。

"这太危险了……我得赶紧通知消防队。"爸爸迅速拨通了电话。

风助火势,山火蔓延得飞快。眨眼间,山上已经**火光冲天**。熊熊大火燃烧着树木和草丛,灰烬如同黑色的雪花随风飘扬,弥漫在空气中。

消防队出警非常迅速。很快,消防车便一辆接着一辆**呼啸**着赶了过来。

消防队队长看到宇辰爸爸,赶紧迎了过来。原来,宇辰爸爸的研究所之前帮消防队研制过几款消防机器人,所以他们已经是老朋友了。

"叔叔,快救救我的智能宝。"宇辰仿佛看到了救星,急切地央求道。

"智能宝?"队长疑惑地看向宇辰爸爸。

"是一条机器狗……"爸爸赶忙解释道。

"山上地势复杂,我先安排消防侦察机器人上去侦察一下。"队长果断下令,消防员们立即行动了起来。他们熟练地操控着设备,很快,几台消防侦察机器人灵活地穿梭在崎岖的山道上,避开燃烧着的障碍物,向着火场深处进发。

"这些机器人能发现智能宝吗?"

"放心吧。"爸爸拍了拍宇辰的肩膀,"这些侦察机器人身上都装配着先进的视觉传感器和高清摄像头,可以把火场里的情况看得一清二楚。"

"但是火场里的路那么难走,它们会不会摔倒或者被东西拦住走不了呀?"

"这些消防侦察机器人很聪明的,它们有智能导航和避障系统,能自己找路。遇到障碍物,传感器会第一时间检测到,然后迅速规划出可行路线。"爸爸说完还不忘补充一句,"就像你玩游戏走迷宫一样。"

宇辰听了爸爸的话,心里踏实了一些。他紧紧盯着火场的方向,心里默默地为消防员们加油,希望他们能快点控制山火,并且顺利找到智能宝。

消防侦察机器人

大家好,我是冲锋在前的消防侦察机器人!我的任务就是勇敢地进入火灾现场,完成侦察任务。我会认真检测火场内有毒气体和可燃气体的种类、浓度,并留意它们的变化趋势,还会探测风速、风向这些数据,并把它们及时回传给消防员们。有了这些第一手的火场信息,消防员们就能更好地开展灭火和救援工作啦!

面对熊熊大火，消防侦察机器人会害怕吗？

既然敢勇闯火场，消防侦察机器人肯定是有两把刷子的！首先，它们的散热系统十分先进，这能帮助它们保持自身的温度在可承受范围内。其次，它们的关键部位都进行了加强防护，能够减轻高温的冲击。当然了，尽管有这些优势，消防侦察机器人也不是完全不怕"火炼"的孙悟空。相信随着材料科学的发展，它们还会变得越来越"坚强"。

火场中浓烟滚滚，消防侦察机器人是怎么找到方向的呢？

想要从浓烟中突围，首先离不开定位系统的帮忙。在进入火场前，消防员们就为消防侦察机器人设定好了目标位置和路线，机器人明确地知道自己身在何处和要往哪走。它们和控制台也时刻保持着联系，就算一时迷路，也能依靠消防员发出的指令脱身。其次，它们还安装有先进的传感器，可以通过感受烟雾中的气流，辅助实现对方向的判断。

浴火之战

火势犹如脱缰的野马肆意奔腾，浓烈的黑烟腾空而起，就像一条条窜天的黑龙，形势异常凶猛。

"报告队长，起火点发现了！是山腰处的一片密林，火势正朝着山顶和山下两侧迅猛蔓延，现场有毒气体浓度目前处于安全范围，但有上升迹象……"根据消防侦察机器人反馈的实时数据，消防员做了清晰的汇报。

"各小组注意，按照预定方案，消防部队和消防灭火机器人准备进场。"队长当机立断，下达命令。

消防灭火机器人随即出动，它们有条不紊地行进在崎岖的山路上。消防员们手持消防器具，紧随其后。他们相互配合，形成了一股强大的灭火力量。

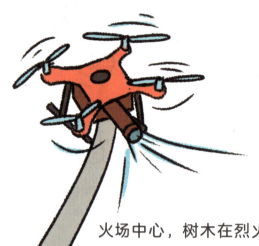

火场中心，树木在烈火的焚烧下发出噼里啪啦的声响，仿佛在为这场灭火<u>攻坚战</u>做伴奏。打头阵的消防灭火机器人用高压水枪喷射出强大的水流，直冲火焰，试图压制火势。

然而，随着风向频繁改变，新的火点不断出现，灭火工作面临的挑战越来越大。

"队长，火势很难控制，"前线消防员焦虑地发来报告，"我们需要支援……"

在山脚指挥全局的队长不由地握紧了对讲机。一旁的宇辰时刻关注着队长的一举一动，此刻，他再也等不及了，冲到队长面前："叔叔，是找到智能宝了吗？"

爸爸见状，连忙快走几步，将宇辰轻轻拉到身旁。"宇辰，不要影响叔叔们工作。他们正在**全力**灭火和救援，我们要相信他们。"

队长向宇辰爸爸点点头，然后冲着对讲机大声喊道："调集**消防灭火无人机**前来支援！现在火情复杂，我们需要更强大的力量来控制局面。"

宇辰也看明白了事态紧急，不敢再言语。很快，天空中传来阵阵沉闷有力的轰鸣声，消防灭火无人机编队由远及近，呼啸而至。

"这些无人机有什么特别的呢？"宇辰之前已经见过了好几种无人机，此刻，他的好奇心再次被勾了起来。

知识卡片

＊以RXR-M40D消防灭火机器人为例

质　　量	250千克
行走速度	1.8米/秒
越障高度	150毫米
爬坡角度	25度

"它们携带了特制的灭火弹。"爸爸扶了扶眼镜,继续说道,"在到达火场上空后,会迅速锁定目标区域,精准投放灭火弹。"

只见灭火无人机灵活地在悬崖峭壁、山谷沟壑间穿梭。那些可都是地形复杂、灭火机器人和消防员都难以到达的区域。

很快,灭火无人机携带的灭火弹开始释放大量的灭火剂,它们如雪花般纷纷扬扬地覆盖到火焰上,原本还张牙舞爪的火苗瞬间就被压制了。

"爸爸快看,火势好像减弱了!"

"是的,灭火无人机帮我们扭转了局面!"

在灭火机器人、灭火无人机和消防员们的协同作战下，火势逐渐得到控制。经过数小时的艰苦奋战，最后一处明火也终于被扑灭了。

消防侦察机器人和消防员对火场进行了全面的清理和检查，确保不会有复燃的隐患后，开始陆续撤回到山脚下。

宇辰一直焦急地等待着，眼睛不停地在人群中搜寻。消防员的身影一出现，他就赶紧迎了上去。与此同时，他的目光也被一名消防员手中拿着的东西吸引住了。

"智能宝！"宇辰惊喜地大喊一声，立刻飞奔了过去。

"这是我们在火场外围发现的。"消防员将手中的智能宝递给了他。

然而,当宇辰接过智能宝时,心中却猛地一沉。此时的智能宝已经面目全非,它的外壳上布满了深深浅浅的划痕和烧焦的痕迹,看上去已经残破不堪了。

宇辰不禁"哇"的一声哭了出来:"爸爸,智能宝为什么会这样?"爸爸深吸了一口气,接过智能宝仔细检查。

"看起来像是被人故意破坏的……看来这场大火的确不简单!"

还没等宇辰从悲伤中缓过神来,队长的声音就突然传来:"山下的工厂区大面积着火!火势凶猛,情况危急!"

消防灭火机器人

大家好，我就是为了完成任务，敢于赴汤蹈火的消防灭火机器人！我配备了各种各样厉害的传感器和探测设备，可以检测烟雾的浓度，判断温度的高低。我还装配了水枪、干粉喷射器等灭火工具，一旦发现火苗，能第一时间快速响应，干净利落地灭掉小型火灾，或者控制住较大的火势。对于从地面很难到达的区域，我们还能派出灭火无人机，从高空参与灭火，可以说是全方位的灭火小战士啦！

地面灭火机器人和灭火无人机，谁更厉害呢？

它们往往是合作关系，不用分出个你高我低。地面灭火机器人一般由消防员远程操控，能进入危险环境灭火和救援；而灭火无人机主要是通过空中作业，快速到达大面积火源处，给火源洒一场"及时雨"，控制火势蔓延。虽然它们的工作区域不同，但都可以代替消防员执行许多危险的灭火任务，提高灭火的效率。

火灾发生的场景那么多，灭火机器人都能应付吗？

灭火机器人就是为了应付各种场景的火灾而诞生的！比如高楼层发生火灾，可以派出能实现长距离喷射的机器人；厂房等较大的建筑发生火灾，可以派出能够承载大体积灭火罐的机器人；当森林发生火灾时，可以派出擅长"越野"的机器人；当易燃易爆场所发生火灾时，派出的灭火机器人还得是个"防爆高手"……

浓烟危机

听到山下工厂区着火的消息，消防员们全然不顾身体的疲惫，迅速登上消防车，**风驰电掣**地赶往现场。爸爸也催促宇辰上车，紧随其后。

"爸爸，我们去做什么？"宇辰有些不解。

"我对机器人比较熟悉，或许能帮上忙。"

一路上，宇辰都紧紧抱着残破的智能宝，十分难过。

"别太担心了。"爸爸一边开车，一边安慰道，"智能宝可是你老爸我的杰作，虽然现在坏了，但我一定有办法**修好**的。"

"嗯……"宇辰眼中闪过一丝希望。他拿出湿巾纸，开始默默地为智能宝擦掉身上的污渍。

很快,他们就抵达了工厂区,眼前的景象令人不由得倒吸一口凉气:只见巨大的厂房在大火的猛攻之下,已经摇摇欲坠,空气中四处弥漫着刺鼻的气味,令人窒息。

消防员们迅速展开行动,以最快的速度将工厂周围的居民全部安全撤离。随后,他们穿着厚重的防火服,背着沉重的装备,冲向火场。然而,没过多久,队员们却纷纷退了出来。

"看叔叔们焦急的样子,应该是遇上了什么大麻烦。"

虽然宇辰父子站在警戒线外,但依然密切关注着火场的动态。

"瞧这些浓烟。"爸爸指着工厂上空滚滚浓烟说道,"工厂里可能存放了许多泡沫或者塑料,它们燃烧后产生的大量浓烟,夹杂着大量有害物质不仅会严重干扰消防员在火场中的行动,而且会威胁消防员的生命安全。"

"这么严重?那可怎么办呀,火势好像越来越大了!"

"消防队应该会安排消防排烟机器人参与救援。"爸爸说。

"消防排烟机器人?竟然还有专门干这事的机器人呢!"宇辰惊讶地瞪大了眼睛。

正说话间,一辆卡车载着几台排烟机器人驶了过来。这些排烟机器人有着厚实的机身,巨大的风机犹如强有力的心脏,被牢固地安装在机器人的顶部。

知识卡片

★以RXR-YM100000D消防排烟灭火机器人为例

质　　量	4800千克
行走速度	1.0米/秒
越障高度	175毫米
爬坡能力	25度

在消防员的指挥下,排烟机器人驶入火场。它们启动风机,高速旋转的叶片发出低沉的轰鸣声,像是要把浓烟一扫而空。

然而,十几分钟后,消防员们竟然再次退了出来。他们聚集在队长周围,正着急地商议着什么。

爸爸见状，也顾不得警戒线的阻拦，快步走到队长身旁。原来是工厂内部的通道被各种障碍物占满了，那些烧坏的设备零件、凌乱的原材料以及倒塌的货架等，严重阻碍了机器人前进，排烟效果并不理想。

"我对这些机器的原理还算了解，也许我能帮上点忙。"

"那真是太好了。"队长感激地看向宇辰爸爸。

"我需要先了解下现场的具体情况。"爸爸提出要求。

在消防队员的严密保护下，爸爸靠近了一些相对安全的区域。他仔细观察着浓烟的流动方向，手中的笔在本子上快速地写写画画。

过了一会儿，爸爸转身对队长说道："你们看，室内东侧的烟比较集中，我们可以先把这台机器人的风机转速提高一点，让它把烟往西侧吸，外面正好在刮北风，也有利于浓烟的消散。"

"我同意，就这么干！"

爸爸亲自动手，对排烟机器人的参数进行了调整。与此同时，消防员们也全力以赴，奋力清理着道路上的障碍物，为机器人开辟通道。

经过一番努力,排烟机器人的工作效果终于有了明显改善。它们强大的风机全力运转,将浓烟源源不断地排出工厂区。随着烟雾的逐渐消散,工厂内的能见度慢慢提高,消防员们终于能够更加准确地把握火场的情况了。

"爸爸,浓烟变少了,你真厉害!"宇辰朝着爸爸大喊道。

接下来,灭火机器人和消防员们再次紧密配合,一步步逼近火源。高压水枪喷射出的水流,带着磅礴的气势,呼啸着冲向火焰。水流所到之处,火焰纷纷退缩。终于,在大家的共同努力之下,厂房内的火焰也被彻底扑灭了。

"真是漫长的一天呀!"爸爸的脸因为高温,被烤得有点红,"两场大火,这一定不是巧合……"

消防排烟机器人

嗨,大家好,我是消防排烟机器人!我最大的特点,就是配备了高效能的排烟风机。一进入火场,我身上的烟雾探测器就会感应到烟雾信号,紧接着,我就会启动排烟风机,通过我的管道和排烟口,将那些浓浓的烟雾和有害气体统统排到室外。这样一来,火灾现场的能见度就能大大提高,为消防员更顺利地开展灭火和救援工作创造好的条件。

家里的抽油烟机也能排烟,那它算排烟机器人吗?

家里的抽油烟机确实能排烟,它的工作原理是通过吸入装置,把炒菜时产生的油烟和废气吸进管道,然后排到室外,让我们少受油烟的危害。但是呢,抽油烟机最多只能算个机器,而不能称为"机器人",因为它没有机器人那么"智能"和"自主",比如不能像排烟机器人那样做到自动检测烟雾浓度、自主规划排烟路径等。所以,家里的抽油烟机不能算是排烟机器人。

除了在火场排烟,排烟机器人还有其他用处吗?

排烟机器人的用处还真挺多的,除了在火灾救援中大显身手外,在化学泄漏事故中,它们也能帮忙驱散和稀释有毒、有害气体,帮助救援人员降低环境危害。在封闭或半封闭空间,如地下工事、矿井等地方,它们可以帮忙输送新鲜空气,排除污浊空气和尘埃等,改善空气质量,支持作业活动顺利进行。

"地震"来袭

研究所里,宇辰静静地伫立在一旁,紧张得大气都不敢出。爸爸则坐在电脑前,全神贯注地盯着屏幕,屏幕上一行行的代码飞速闪过。

终于,爸爸紧皱的眉头舒展开来:"哈哈,智能宝的芯片已经修复好了!"

"那智能宝是不是可以'复活'了?"

"没错,而且……"爸爸把手指从键盘移动到鼠标上,轻轻一点,开始读取芯片,"我们马上就能知道森林大火之前,究竟发生了什么。"

原来,智能宝的眼睛是两个摄像头,能够时刻记录周围的一切。森林大火之前的视频资料全都被保留在了芯片中。

为了确保不遗漏任何细微之处，父子俩屏气凝神，一帧一帧地仔细查看着视频。

只见智能宝紧追着那个陌生人到了半山腰，突然从树丛中窜出几个身形魁梧的壮汉。他们将智能宝团团围住，然后用电击枪朝它猛烈射击。一时间，电光闪烁。随即，电脑上的视频画面戛然而止，陷入一片黑暗。

"是黑衣人！他们怎么又出现在了岛上？"宇辰一眼便认出了对方。

"嘘……"爸爸做了个噤声的手势，原来视频画面虽然消失，但是黑衣人的对话还是被清晰地录了下来。

父子俩仔细聆听着录音，不料从中得知了一个惊人的秘密！

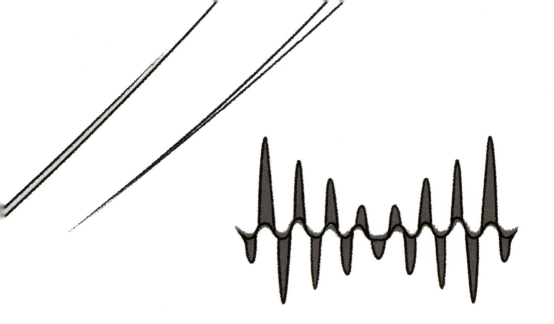

原来，上次入侵青石岛失败后，黑衣人并未放弃。他们悄悄派人潜入小岛，在山林和工厂区故意纵火，制造混乱。趁着混乱，他们抵达了后山，开始开采珍贵的乂晶石。

"我们得赶紧把这个消息告诉警长。"爸爸边说着边往外走。

父子俩刚走出研究所，忽然间，一阵震耳欲聋的巨响从远处传来，大地似乎颤动了一下。他们惊慌地站在原地，努力稳住身体。

紧接着，整座小岛仿佛被一只无形的巨手猛烈摇晃。在剧烈的震动中，有的墙壁出现巨大裂缝，摇摇欲坠；有的屋顶直接砸落下来，扬起漫天尘土。

大约几十秒后,一切总算平静了下来。

"爸爸……是地震了吗?"宇辰惊魂未定,紧紧抓着爸爸的胳膊,声音颤抖地说。

"刚才那一声爆炸,应该是黑衣人进行爆破开采,巨大的能量释放引发了地震。"爸爸分析道,"这样的爆破地震通常不会这么久、这么猛。可能是 X 晶石的能量被激发了……"

"这些可恶的黑衣人!"宇辰咬牙切齿道。

"地震的破坏力很大,被困的人一定不少,当务之急是抢险救援。研究所里有不少新式救援机器人,得赶紧派它们去受灾现场。跟我来!"

爸爸带着宇辰回到研究所。研究所建筑结构十分牢固,在刚才的地震中并未受损。

父子俩走进一个房间,这里存放着各类救援机器人。

"后院有辆货车,咱们把个头小的救援机器人都转移到车上,个头大的我设定好指令,让它们跟在咱们车后。"

很快,父子俩就组织好了"机器人救援队",向镇中心进发。可没走多远,道路就被山体塌方滚下来的泥土和石块堵得严严实实。

父子俩下车查看路况,"这条路根本就走不通呀!"宇辰心急如焚地说道。

"能走通,别忘了咱们可有一支队伍!"爸爸朝身后一指,随后拿出手机,调出指挥程序,开始下发指令。

几分钟后,一辆"挖掘机"缓缓地开到了他们身旁。

"这辆挖掘机还能自动驾驶？"宇辰惊讶地问道。

"这是**清障机器人**，"爸爸继续操作着手机，"外号'钢铁螳螂'，瞧好了吧！"

只见清障机器人即刻行动起来。它用结实的履带和灵活的轮胎相互配合，轻轻松松地开上了斜坡，强有力的机械臂**有条不紊**地挥舞着，配合着前端的铲斗，精准地铲起大石头，然后稳稳地运到一旁。

经过一番紧张的奋战，路上的障碍物被清理得干干净净，道路变得畅通无阻。

"咱们出发！"爸爸重新启动车辆，奔赴那充满危险与挑战的救援现场。

知识卡片

★以应急救援机器人 ET113 为例

质　　量	11300 千克
行驶速度	≥ 10 千米/小时
越障高度	2200 毫米
爬坡能力	45 度
持续工作时长	12 小时

清障机器人

大家好，我是清障机器人，是个名副其实的大力士！在交通事故现场，我能快速清理车辆残骸，不管是大的变形部件，还是小的碎片，我都能处理得妥妥当当。遇到倒伏的树木、巨石等大型障碍物，我也能凭借自己强大的推力，把它们移开，让道路恢复畅通。地震后，我可以挖开废墟，为救援开辟通道。洪灾过后，我能清理淤泥和漂浮物，让灾区恢复整洁。

为什么许多清障机器人都长得像挖掘机?

你观察得很仔细哦!清障机器人和挖掘机通常都有机械臂,所以看上去有点像,但清障机器人的智能化程度更高,它们通常都配备了先进的传感器,能更全面地了解灾难现场的情况,并通过科学编制的控制软件,准确地执行各种复杂的清障任务。与主要靠人来操作的挖掘机相比,清障机器人的安全性和工作效率都更高。

清障机器人的个头都很大吗?

清障机器人其实有大有小,各有各的用处。大型清障机器人凭借强大的体型和力量,能够轻松搬运很重的物体。小型清障机器人也有独特之处,它们能够进入狭窄空间,比如钻进建筑物倒塌后形成的狭小缝隙里清理碎片,为救援人员腾出更多的空间。

生机探寻者

宇辰和爸爸马不停蹄地赶到镇中心,眼前的景象犹如末日降临。镇区的很多建筑已损毁,曾经高大的楼房如今只剩下断壁残垣,破碎的砖块、断裂的梁柱横七竖八地堆在一起。死里逃生的人们惊魂未定,这一切都发生得太突然了!

警局和消防队的人员已经全体出动,他们在废墟之间忙碌地穿梭着。警察们一边大声呼喊,试图寻找幸存者,一边疏散人群去往应急避难场所;消防队员们则背着沉重的救援设备,在废墟中争分夺秒地挖掘、搜寻。

然而,受灾面积实在是太大了,目前的救援力量只是杯水车薪,救援工作面临巨大的挑战。

看着曾经熟悉的街道如今一片狼藉,热闹的游乐园也沦为废墟,宇辰的眼眶瞬间湿润,落下泪来。

"爸爸……咱们快想想办法吧……"

警长和消防队长远远看到赶来的宇辰爸爸,立刻快步迎了上来。他们有过**并肩作战**的经历,如今已是彼此信任的战友。

"警长,情况怎么样?"爸爸跳下车,焦急地问道。

"糟糕透了,"警长无奈地摇摇头,指向远处一片混乱的街区,"人手和设备都严重不足。你看那边,好多区域我们都难以深入排查。"

"有些地方结构复杂,根本没办法摸清是否有人员被困。"消防队长补充道,"救援**难度**太大了。"

"看我带来了什么!"爸爸说着,快步绕到车后,握住门把手熟练地一推,几个生命探测机器人出现在众人面前。

"这里有**生命探测机器人**"爸爸用手轻轻拍了拍其中一个机器人的外壳,"它们能帮助我们更快地发现被困人员。"

大家一听,赶紧围拢过来,齐心协力将货车上的机器人小心翼翼地搬了下来。爸爸则走到一旁,分秒必争地在远程监控器上输入指令。随着一阵轻微的嗡嗡声,生命探测机器人被成功**启动**!

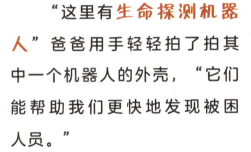

知识卡片

★以地面自适应灾害现场信息采集机器人为例

质量	≤ 35 千克
行驶速度	≥ 1.5 米/秒
越障高度	200 毫米
爬坡能力	≥ 30 度
续航时间	3 小时

生命探测机器人小巧灵活，它们迅速散开，钻进巨大的建筑废墟中。它们身上配备的传感器如同火眼金睛，能够敏锐识别那些隐藏在废墟之下的生命迹象。

"滴滴——滴滴——"不一会儿，机器人就陆续发出急促的报警声，显示屏上的信号灯也跟着闪烁起来，提示在一处倒塌的房屋下有生命存在迹象！

原本焦头烂额的救援人员为之一振，仿佛在黑暗中看到了曙光。他们立刻带上救援装备，朝着信号指示的方向飞奔而去。

很快，人群中传来一阵热烈的欢呼，只见几个被困者在救援人员的努力下，被成功地营救了出来，他们面容疲惫却难掩劫后余生的喜悦。至此，距离地震发生，仅过去三小时。

"有了机器人的加入,我们就能在地震救援的**黄金72小时**内救出更多的人!"看着自己发明的生命探测机器人实战立功,宇辰爸爸十分欣慰,但此时,他还不敢有丝毫松懈,一直结合现场情况,不断优化着救援指令。

在一处废墟下,生命探测机器人再次发挥了关键作用,精准地发现了多名被困者。然而,这里的废墟结构极为复杂,破碎的砖石相互交错,摇摇欲坠的梁柱随时可能倒下,救援人员每一次落脚都需要小心翼翼地试探,每一次移动都要警惕可能引发二次坍塌!

"这里的支撑点非常关键,我们必须先把支撑设备稳稳地架好,确保在救援过程中不会发生坍塌,至于周围的障碍物……"消防队长正在制定详细的救援计划,但是情况明显有些棘手。

"它能帮上忙!"宇辰指着车里的另一个机器人,那是一台小型清障机器人。

消防队长看向宇辰爸爸,爸爸肯定地点了点头,于是大家立刻行动起来。经过一小时的艰苦努力,最后一名被困者也重见天日。就在他离开废墟几分钟后,那个摇摇欲坠的空间轰的一声坍塌了,一台正在附近搜救的生命探测机器人未能及时撤出,被永远地埋在了下面。

"好险……"宇辰被惊出一身冷汗,"如果在那搜救的是消防队员,后果真是不堪设想!"

生命探测机器人

大家好，我是生命探测机器人！我最大的优势，就是对"生命发出的信号"十分"敏感"。比如一个人被困在废墟里，只要他还活着，身体就会发出"热"，这种热会以"红外线"的方式进行传递，而我的红外感应设备能敏锐地捕捉到这些源于人体的红外线，从而判断是否有生命存在。另外，我还能不断伸出探索的小手——超声波或者射频信号，它们碰到东西后会被反射回来，从而帮我确定被困者所在的位置。不管是地震后的废墟、火灾后的危险建筑，还是矿难时的矿井通道，我都能帮上大忙！

生命探测机器人除了找人,还能找动物吗?

当然可以。我们已经知道,生命探测机器人主要是通过检测生物体散发的热量或者发出的声音来工作的,那么只要是恒温动物,也就是存活时,身体会产生热量的动物,在阻挡不是很严重的情况下,是能被热成像仪检测到的。另外,声波技术能检测到它们发出的微弱声响。这样一来,无论是搜救失踪的人,还是寻找受伤的动物,生命探测机器人都能大显身手。

生命探测机器人可以在水下工作吗?

生命探测机器人可是水下救援的重要力量哦!现在,很多生命探测机器人都配备有先进的声呐系统,可以在水下进行探测。它们通过发射声波,然后接收反射波来探测水下物体的形状、大小和位置,以此发现可能存在的生命,为水下救援提供助力。

危井救援

随着得救的人越来越多,大家紧绷的神经总算放松了些。

这时候,消防队长的对讲机突然响起,对面传来急促的声音:"队长,有个小孩被困在了商场的电梯井中,周围情况复杂,很难进行常规营救,请求支援!"

"我马上到!"放下电话,队长一刻不敢耽搁,带领众人就向事发地点赶去。

到达现场,眼前的景象让所有人一筹莫展:电梯井周围全是凌乱的瓦砾,断裂的钢梁纵横交错,如同巨兽张开大嘴,露出獠牙。仅有的狭小入口被一块巨大的水泥板挡住了大半,仅容一个瘦小的人勉强通过。

知识卡片

★ 以 JT-WE-N3 外骨骼为例

质量	4.6 千克
减重效率	站立态 92%，行走态 35%
载荷	100 千克
爬坡能力	≥ 35 度
主体材料	碳纤维 / 航空铝合金

孩子母亲在一旁早已泣不成声："求求你们，一定要救救我的孩子，他还那么小……"

"放心吧，孩子会没事的。"队长赶忙上前安慰。随后，他召集队员们紧急商讨营救方案。

有人提议用起重机吊起水泥板，但观察周围环境后发现，废墟结构本就脆弱，起重机的震动可能引发更大规模的坍塌，危及孩子和救援人员的生命。还有人想尝试从旁边的墙体打洞进入，可墙体在地震后已经摇摇欲坠，这个办法也行不通。

随着一个个方案被否决，现场的气氛降到了冰点。

宇辰看着大家焦急又无奈的模样,心中涌起一股强烈的**勇气**。他小小的身躯微微颤抖着,突然主动站了出来。

"我个头比较小,可以下到井中把小朋友救出来。"

队长惊讶地看向宇辰,他再次认真打量起这个男孩。"你的力量太小了,"队长并没有直接否认宇辰的提议,而是把原因分析给他,"就算下去了,可能也没办法顺利施救,还会让自己陷入危险。"

"我有办法**强化**他的力量。"

此话一出,众人都不可置信地看向说话者,他正是宇辰爸爸。只见他从车里拿出一副像金属铠甲一样的东西。

"这是**外骨骼机器人**,穿上它就能增强人的力量,即使是小孩,也能变成大力士。"

"但宇辰毕竟只是个孩子，即使有机器人的辅助，井下的未知危险依然不是他能应对的。"

"非常时期，这是**唯一**的办法！我相信宇辰能顺利完成任务。"爸爸看向宇辰，目光中充满了信任。

消防队赶忙准备救援绳索，仔细地将宇辰固定住。他们一遍又一遍地推敲营救方案，确保万无一失。

爸爸亲自为宇辰穿戴上外骨骼机器人，他的手微微**颤抖**，"孩子，一定要小心。"宇辰用力地点点头。

一切准备就绪后，大家慢慢地把宇辰下放到电梯井中。宇辰只感觉自己的身体在缓缓下降，周围的黑暗越来越浓……

电梯井中弥漫着刺鼻的尘土气息，让宇辰几乎喘不过气来。他努力调整着呼吸，让自己保持**冷静**。

他的双脚触碰到了井底。打开随身携带的照明设备，宇辰发现被困的小女孩正蜷缩在角落里，满脸惊恐和无助。

"小妹妹，**别害怕**，我来救你了。"

宇辰弓着腰，小心翼翼地朝小女孩的方向走去，但前方一块破碎的水泥板却挡住了他的去路。宇辰试图用自己的力量搬动它，可水泥板却**纹丝不动**。

这时,他想起了身上的外骨骼机器人,于是调整好姿势,启动外骨骼机器人助力系统,宇辰瞬间感觉一股强大的力量从腿部和腰部传来。

"呀!"宇辰双手紧紧抱住水泥板,全身用力,终于成功地将它移到了一旁。

宇辰来到小女孩身边。他轻轻地为女孩擦去脸上的泪水,"小妹妹,我们马上就可以出去了,要勇敢哦。"宇辰尽量把话说得轻松,但其实他自己心里也紧张得要命!

他将另一根安全绳系在女孩身上,然后用对讲机发出信号。很快,小女孩就被成功拉了上来。随后,宇辰也安全返回了地面,现场顿时响起热烈的掌声和欢呼声。

"儿子,我为你骄傲!"爸爸一把将宇辰搂进怀里,天知道他有多么地后怕!

外骨骼机器人

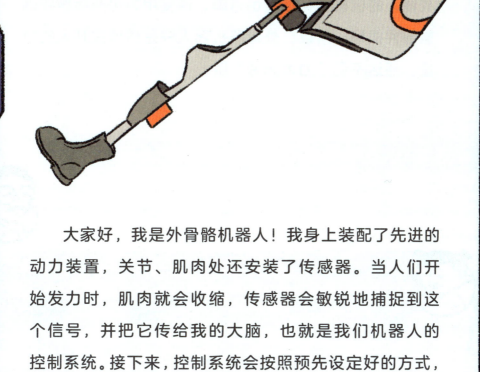

大家好，我是外骨骼机器人！我身上装配了先进的动力装置，关节、肌肉处还安装了传感器。当人们开始发力时，肌肉就会收缩，传感器会敏锐地捕捉到这个信号，并把它传给我的大脑，也就是我们机器人的控制系统。接下来，控制系统会按照预先设定好的方式，指挥动力装置提供合适的助力。就像救援人员攀爬废墟或者搬运重物时，我能第一时间感知到他们的用力情况，然后马上调整助力的大小和方向，帮助他们行动起来更轻松、更高效。

穿上外骨骼机器人，就能变成力大无穷的大力士吗？

这恐怕还不能实现……因为外骨骼机器人是靠电机等提供助力的，电机的输出功率决定了能提供的最大助力，超过这个限度就无法再增强力量了。而且，外骨骼机器人的机械结构强度也有限，过度用力可能会导致机械部件损坏。所以，外骨骼机器人只是适度提升人的力量，还达不到"力大无穷"哦。

如果穿着外骨骼机器人参加奥运会，可能会打破哪些纪录？

如果你穿着外骨骼机器人参加奥运会，那么好多纪录都可能被改写。在田径赛场，它能帮你提高步频，增大步幅，冲击百米纪录；长跑时，它能帮你减轻腿部的压力，挑战马拉松纪录。举重时，它能帮你举起更重的杠铃……

矿石危机

在众人与机器人的共同努力下,这场与死神赛跑的救援行动总算顺利地度过了最危急慌乱的关头。可就在喘息的间隙,另一股焦灼的情绪又猛地席卷了宇辰爸爸的内心——他深知,这场地震不是天灾,而是黑衣人挖掘 X 晶石引发的人祸。X 晶石蕴含着难以想象的巨大能量,一旦落入黑衣人之手,后果一定不堪设想!

宇辰爸爸找警长商讨对策。警长听后也是心急如焚:"这些黑衣人为达目的不择手段,毫无底线可言,我们必须立刻行动,阻止他们的恶行!"

随后,警长迅速召集一批得力干将,准备奔赴后山。

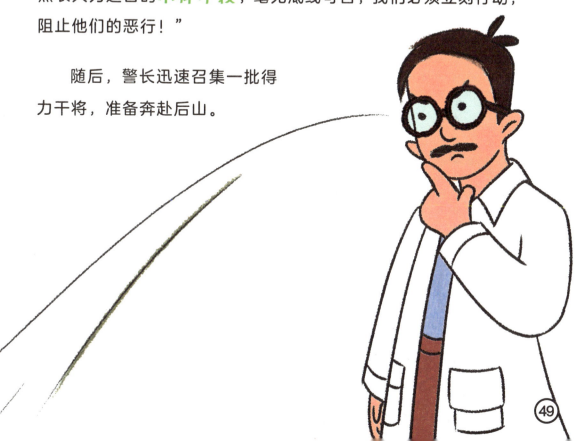

这次行动危险重重，爸爸再也不想让宇辰**以身犯险**了。他将宇辰托付给同事照料，然后便毅然决然地和警长去往了后山。

如今的后山满目疮痍：烧焦的树木被炸得横七竖八，山体也被炸出一个个硕大的深坑，遍地都是碎石，尘土漫天飞扬，完全就是一片遭遇**浩劫**的战场，往昔的生机荡然无存。

"难道黑衣人已经得手了？"警长满脸惊疑。

"不……"爸爸从一处土石缝里捡起一块衣服碎片，"他们应该是在爆破时使用了过量的爆炸物，引发地震的同时，也让自己葬身在这土石之中了。"

"多行不义必自毙，他们这是**自掘坟墓**！"警长不禁长吁一口气。

"我们必须尽快把 X 晶石**开采**出来。"爸爸分析道,"一方面,之前的爆破可能导致它们不稳定,埋在山里就是个定时炸弹,必须尽快转移;另一方面,也能防止再被黑衣人或其他坏人惦记,消除潜在威胁,以绝后患。"

听完宇辰爸爸的这番话,大家纷纷点头表示赞同。可是环顾被炸得面目全非的后山,想要在短时间内开辟一条安全的开采路径,又谈何容易。

"青石岛上人力有限,"警长**面露难色**,"目前主力部队还需要留在救援一线,想在这时候开采 X 晶石,几乎是一项不可能完成的任务。"

"我有办法!"

大家的目光再次投向宇辰爸爸。最近这些日子,由他所在的研究所开发的各种机器人,成功应对了青石岛上发生的一连串危机,大家不仅对平日里默默无闻的机器人研究所**刮目相看**,对机器人科学家们的智慧更是钦佩不已。

"什么办法?快说来听听。"警长急切地问道,目光中充满了期待。

"我们虽然没有开矿经验,但我的研究所里有不少开矿机器人,能助我们一臂之力。"

"太好了!"警长一听这话,心里一下就踏实了,"你们这小小的研究所,平时**神神秘秘**的,没想到研发了这么多宝贝呀!"

众人迅速做好分工,宇辰爸爸匆忙赶回研究所,组织同事们将探测仪器和各种开矿机器人送到了后山。

知识卡片

★以应急救援机器人ET210为例

质　　量	21000 千克
行驶速度	≥ 15 千米/小时
越障高度	2800 毫米
爬坡能力	45 度
有效遥控距离	2000 米

"我们先用凿岩机器人挖出矿道!"爸爸指着一台巨大的机器说,"它配备了高强度钻头,能轻松钻透坚硬的岩石。"

"轰隆隆——轰隆隆——"机器人启动后,钻头开始高速旋转,与岩石产生激烈碰撞,一时间火花四溅,阵阵雷霆般的轰鸣声震撼着整个山谷,仿佛在向大自然宣告人类的勇气和决心。

凿岩机器人持续作业,坚硬的岩石在它强大的钻头攻势下,逐渐被钻出一个个孔洞。紧接着,在爆破专家的指挥下,炸药被精准地安置在了这些孔洞中。有了黑衣人的教训,这一次炸药的剂量受到了严格控制。

一切准备就绪……

随着一声巨响,岩石被炸得四处飞溅,定点爆破取得了成功!

随后,<u>挖掘机器人</u>和科研人员一同上阵。挖掘机器人挥舞着强有力的机械臂,将破碎的岩石一块块地清理出去,科研人员则在一旁协助,及时根据作业情况调整指令。在他们的紧密配合下,矿洞一点点地被挖掘成型。虽然过程中遭遇了石块掉落、暗河涌入等小麻烦,但在大家的共同努力和机智应对下,都被顺利解决了。

几天后,一个初具规模的矿洞终于呈现在了众人眼前,这也让大家看到了成功开采 X 晶石的希望。

凿岩机器人

嘿,同学们,我是凿岩机器人,是对付坚硬岩石的专家!我体内的动力系统超级强大,能指挥钻头高速旋转,如利剑般钻进岩石。在矿山中,我能开拓巷道采矿石;在隧道里,我可以壁上钻孔保安全;在建造高楼,遇到岩石地基时,我还可以和它"硬碰硬"。我不仅能够大大提高施工的效率,还能保障工程的稳定性和安全性,同时也极大地降低了人们的劳动强度。在现代工程建设中,我可算得上是不可或缺的角色哦!

凿岩机器人是如何精准定位凿岩位置的呢?

为了精准定位凿岩位置,凿岩机器人可没少费心思。首先,它有类似汽车导航的高精度定位传感器,像激光定位传感器,可以发射激光束,根据反射信号确定自身与周围物体的相对位置,算出凿岩点的坐标。其次,它有灵活的机械臂,可以通过计算关节运动的角度等数据,让钻头准确到达目标位置。

凿岩机器人的钻头需要经常更换吗?

什么时候更换钻头,主要是由凿岩机器人的工作强度决定的。像在坚硬的花岗岩上作业,钻头与岩石剧烈碰撞,磨损很快,就得经常换。另外,长时间连续工作,钻头受到高频率的冲击,也会缩短使用寿命。现在,先进的凿岩机器人都有智能监测系统,能检测钻头磨损的程度,一到使用限度,它们就会主动提醒更换。

注释:
挖掘机器人
可以自主作业或远程操控的智能挖掘机,作业时能提高施工效率和安全性。

矿道遇险

根据探测仪监测到的数据,可以确定X晶石就在矿洞的深处。为了避免激发它的能量,大家决定暂停机械作业,改为由宇辰爸爸率领的"X搜寻小队",深入矿洞探查。

此刻,队员们正在做出发前的最后准备,他们背上各类必要的工具和补给,检查通信设备的运行。宇辰爸爸则在洞口踱来踱去,好像在等什么。

"爸爸!"突然,宇辰小小的身影蹦了出来。

"你怎么到山上来了?"爸爸的脸上闪过一丝惊喜,但话一出口,语气却变成了责备,"这里很危险。"

站在宇辰身边的年轻人不好意思地挠挠头:"博士,我这不是来给您送东西,孩子太想您了,求了我半天……"

"都准备好了吗?"爸爸急切地询问。

"放心吧!"说着,年轻人就打开身上的背包,竟然从里面拿出了智能宝!

"智能宝已经完全修复好了,"年轻人信心十足地说道,"按您说的,给它加装了先进的环境监测传感器,能够实时检测矿道内的氧气水平、有害气体浓度以及岩石的稳定性。一旦发现任何安全隐患,智能宝都会立即发出警告,为队伍争取充足的避险时间。"

"爸爸,智能宝现在可是**安全监管机器人**,是来保护大家的,它可以打头阵!"原来,这些日子,宇辰一直跟着这位年轻人修复、改造智能宝。他相信涅槃重生的智能宝一定能在这次任务中再立新功。

"好了,宇辰,等我的好消息吧!"爸爸微笑着拍拍宇辰的肩膀,又忍不住捏了捏他的脸颊。

知识卡片

★以绝影X30Pro四足机器人为例

整机质量	59千克
工作温度	−20~55摄氏度
防护等级	IP67
续航里程	≥10千米

随后,爸爸转身走向队伍,大声喊道:"大家都准备好了吗?我们出发!"

队员们齐声回应,高亢的声音在矿洞中回荡,充满了力量和决心。

就这样,智能宝冲锋在前,队伍紧随其后,不一会儿,就消失在了漆黑的矿道中。

矿道内，气氛紧张而压抑，空气仿佛凝固了一般。灯光在黑暗中摇曳不定，映照着前方崎岖的路。墙壁上的岩石湿漉漉的，偶尔有水滴落下，发出清脆的声响，在寂静的矿道中显得格外清晰。队员们每走一步都很谨慎，生怕一个不小心就引发意想不到的危险。

智能宝在队伍的前方和两侧间灵活地穿梭着，它的传感器不断闪烁着光芒，对周围的环境进行着全方位的监测。

"嘀——嘀——"突然，智能宝发出尖锐的警报声，打破了原本的宁静，揪住了每个人的心！

"前方注意，含氧量略有下降，可能存在通风不畅。"智能宝的电子音在矿道内回响，清晰而急促。

"大家不要慌，先戴上氧气面罩，再想办法解决通风问题。"爸爸冷静指挥道。

队员们纷纷行动起来，四处查看寻找可能的通风途径。有人开始检查周围的岩石结构，看是否能够通过人工开凿来改善通风状况。智能宝也开始利用传感器对矿洞内的气流进行更细致的检测和分析。

经过一番紧张的探索和尝试，终于有队员发现了一处岩石较为薄弱的地方，可以通过开凿，形成一个临时的风道。

队员们拿起工具，小心翼翼地凿洞。智能宝则在一旁密切监测着岩石的稳定性和周围环境的变化，随时准备发出**预警**。

在大家的共同努力下，一个简易的通风通道很快形成。虽然还不够完善，但已经有了一定的通风效果，矿洞内的空气开始慢慢变得清新，氧气含量也回归到了**安全值**，队员们可算松了口气。

"继续前进。"宇辰爸爸再次下令道。

队伍整理好装备，继续向着矿洞深处进发。在充满未知的矿井深处，他们还会遇到怎样的险境呢？

安全监管机器人

嗨，朋友们，我智能宝又回来啦！哈哈，现在的我还升级为了安全监管机器人，是矿洞里的安全小卫士！要说区别嘛，就是现在的我拥有了"超级感官"，能实时检测矿洞内的各种情况：含氧量是否安全呀，有害气体是否超标呀，这些情况都逃不过我的"法眼"，一旦发现，就能立刻发出警报。此外，我还能监测温度、湿度，以及通过声波等技术，来判断岩石有没有松动、有没有裂隙等。之前我遭到黑衣人的毒手，但这并没有吓到我。如今的我肩负着新的使命，愿意为矿洞安全继续战斗！

安全监测机器人一般是怎样向人们提示有危险的呢?

在提示有危险这件事上,安全监测机器人可以说是"多管齐下"。首先,它有声光报警,可以发出不同频率、响度和模式的警报声,如火灾时的高频长鸣等,还能语音播报具体的危险信息。其次,它配备了不同颜色的警示灯,危险程度不同,灯光颜色与闪烁频率就有区别。最后,它还能与监控系统相连,把危险类型、位置等信息第一时间传至中控室或手机等移动设备。

安全监测机器人遇到危险会自救吗?

如果是较为基础的机器人,自救功能就相对较弱,一旦遭遇如洪水这类灾害,很可能因为进水而丧失功能。先进的安全监测机器人则具备多种自救策略:当检测到电量不足或关键部件故障时,可以按照预设程序,自动导航到充电点或维修站;如果遭遇网络攻击或信号干扰,能迅速切换至备用通信频道,或者启动系统自检与重启程序,以恢复正常运行状态,保障监测任务的持续进行。

凯旋时刻

随着矿道的不断深入,温度逐渐攀升,整个矿洞就像一个巨大的蒸笼,闷热难耐。队员们的衣衫早已被汗水湿透,豆大的汗珠不停地从额头滚落。

"滴——滴——温度升高!"智能宝不断预警。

"X晶石从之前的爆炸中吸收了大量热能,目前在持续释放,"宇辰爸爸抹了把头上的汗,向众人解释道,"所以离它越近,温度就会越高。"

在穿过了一个狭窄的通道后,大家抵达了矿道的尽头。在这里,原本潮湿的矿洞早已变得干燥无比,岩壁上一道道龟裂的干纹清晰可见。

"能量监测已达峰值!"智能宝提醒道。

"X晶石就在这块岩层后面。"宇辰爸爸再次确认了数据。

所有人既激动又紧张,大家不敢有丝毫耽搁,立刻勘察好岩层厚度等各项关键指标,设定好开采程序,启动**小型采掘机器人**投入工作。这些小巧的机器人可以执行高精度的开采任务,用它们来完成"最后一击"再合适不过。

随着岩层被一点点剥离,X晶石散发的橘红色光芒越来越浓。终于,它的一部分已经完全露出了矿壁!

"是X晶石!就是它!"队员们兴奋不已。

"从这部分看,它的个头可不小,我们要怎么把它运出去呢?"很快,就有队员提出了疑问。

知识卡片

* 以 XUL305 D 地下铲运机为例

整机质量	15.4±0.5 吨
额定斗容	2.5 立方米
载　荷	5.5 吨
最大铲取力	110 千牛
最大卸载高度	1830 毫米

"大家继续开采,注意安全,运输的问题我来解决。"宇辰爸爸拿出通信设备,开始向洞外发送指令。

几个小时后,X晶石被完美地剥离了出来。这边采掘机器人工作的动静刚停,另一边又传来了"咔咔"的声响,只见一辆铲运机平稳地驶了进来。队员们朝驾驶室望去,发现里面空无一人。

"原来是**铲运机器人**,博士,是您在控制它吗?"

"是洞外的操作人员控制的,"宇辰爸爸解释道,"不过我刚才把最短路线的坐标发给了他们,这样铲运机器人便会依照这个路线尽快抵达。否则矿道内还有一些废弃或者应急用的通道,怕它走岔了耽误时间。"

在动用铲运机器人之前,智能宝的监测性能被宇辰爸爸调至最高状态,它不断扫描着周围的空气、温度和地质状况,不放过任何一丝细微的异常。所有队员也都做好防护,严阵以待。毕竟,对 X 晶石的性能大家还有太多的不了解,万一在运送的过程中激发了它的能量,后果将不堪设想!

一切准备就绪,无人铲运机开始行动。它那铲斗犹如一只孔武有力的大手,精准地伸到 X 晶石下方,随后缓缓铲起。这一刻,所有人都屏住了呼吸!几十秒后,X 晶石总算安稳地落入了铲斗中。

"**成功啦！**"众人爆发出热烈的欢呼声，多个小时连续作业的疲惫也在这一刻烟消云散。

稍作歇息和整理，一行人便随着铲运机器人开始返程。行至半路，智能宝突然发出尖锐的报警声！

"**不好**！"众人目光瞬间聚焦，只见前方矿洞顶上，一块原本松动的岩石毫无征兆地掉落，恰好落在铲运车前方。

此刻，铲运车正匀速前行，眼看就要撞上那块石头。所有人的心瞬间提到了嗓子眼儿！

说时迟，那时快，只见铲运机器人灵活转动车轮。"呲——"随着车轮与地面摩擦发出声响，它也巧妙地调整了方向，完美地**绕开**了岩石。

"咳咳，这台铲运机器人有自主避障功能。"宇辰爸爸微微怔住，刚才也捏了把汗。

队伍一步步靠近矿洞的出口。当前方终于出现那一抹久违的光线，所有人都兴奋不已！

走出矿道，清新的空气扑面而来，阳光温柔地洒在队员们的身上，仿佛是大自然给予勇士们的深情拥抱。

"爸爸！"宇辰一直守候在洞外，一见队伍出来，就激动地飞奔过去，父子俩相拥在一起。

"这就是X晶石。"爸爸指向铲斗，"黑衣人的入侵、火灾、地震，一切都是因它而起。"

"那现在该怎么办？"宇辰好奇地打量着X晶石，"把它关进监狱吗？"

"哈哈哈！"所有人都被宇辰的童言逗笑了。

"能量怎么用，全在用它的人，"爸爸望向焦黑一片的后山，"可以用来摧毁，就可以用来重生……"

铲运机器人

嗨,大家好,我是铲运机器人!我身强体壮,坚固的外壳让我能适应各种复杂环境。我的身上还配备了先进的传感器,它们就像我的眼睛和耳朵,能帮我敏锐地感知周围的情况。

我的主要工作是铲装和运输物料。运输中如果遇到障碍物,我的自主避障系统会被瞬间唤醒,帮我迅速决策,巧妙绕过。我能在多个领域发挥作用,常常被派到矿山运矿石,去建筑工地搬材料,在仓储物流中心装卸货物等。我虽然没有人类的情感和思维能力,但我会按照程序指令认真完成任务,为大家带来便利。希望你们喜欢我哦!

铲运机器人能装下一头大象吗？

那就要看使用"多大"的铲运机器人了。一些小型的铲运机器人主要用于搬运小型物品，如建筑材料、矿石碎块等，它们的铲斗容量可能只有零点几立方米到几立方米，肯定是无法装下一头大象的。大型的矿用铲运机器人或者特殊设计的重型设备铲运机器人，铲斗容量就非常大，能达到几十立方米。从理论上来说，是能装得下一头大象的哦。

铲运机器人除了在矿山使用，还可以运用到哪里？

除了矿山，可以应用铲运机器人的领域还有很多。在建筑工地，它能精准进行土方挖掘与装载，从而降低人们的劳动强度，减少安全隐患。在农业领域，尤其是在大规模农场中，它可以帮助运送收获的粮食。在物流领域，它能搬运大型与超长、超重货物，解决人工搬运的难题。

注释：
小型采掘机器人
在狭小或危险环境中执行采掘任务的自动化设备，适用于矿山、隧道等场景。

写在最后的话

小读者们,大家好!我是陈晓东,一位机器人科学普及工作者,同时也是中关村融智特种机器人产业联盟的联合创始人。从最初接触特种机器人开始,我便将投身机器人的科学普及工作作为我毕生的追求。

"探索无止境,知识是基础",这是我对科学少年的寄语。为使更多的青少年了解科学知识,掌握科学方法,为新质生产力的蓬勃发展培养后备力量,目前,我们团队已与抖音合作,制作并上线了100条机器人科普短视频。未来,我们还将打造"科学少年"品牌,通过科普视频课程与实践活动相结合的方式,激发青少年的想象力、创造力,带领青少年积极探索未知,勇敢追寻梦想,共创美好未来。

在"机器人家族"系列图书中,作战机器人、救援机器人、重建机器人陆续登场,为大家上演了一个个精彩纷呈的故事。这些机器人很多都源于我国自主研发的机器人。其中大部分都来自中关村融智特种机器人产业联盟的成员单位。未来,成员单位还将凭借"天汇具身智能系统",为机器人提供核心智脑等关键技术。

书中涉及的机器人还有许多本领,受篇幅所限,没能在故事中更全面地展开。如果你们还想进一步了解这些神奇的机器人,可以扫描下方的二维码,观看与它们有关的精彩视频。

陈晓东

地震监测救援机器人　　清障破拆机器人　　消防救援无人机　　消防排烟灭火机器人　　消防侦察机器人

机器人家族
重建大师

陈晓东 文　吴联芳 图

国防工业出版社
·北京·

图书在版编目（CIP）数据

机器人家族 . 3, 重建大师 / 陈晓东著 . -- 北京：国防工业出版社, 2024. 12. -- ISBN 978-7-118-13577-0

I. I287.5

中国国家版本馆 CIP 数据核字第 2024L1K460 号

※

国防工业出版社出版发行

（北京市海淀区紫竹院南路 23 号　邮政编码 100048）

北京虎彩文化传播有限公司印刷

新华书店经售

*

开本 710×1000　1/16　印张 15　字数 240 千字

2024 年 12 月第 1 版第 1 次印刷　印数 1—10000 册　定价 98.00 元

（本书如有印装错误，我社负责调换）

国防书店：（010）88540777　　书店传真：（010）88540776
发行业务：（010）88540717　　发行传真：（010）88540762

重建家园	01
超级"打印机"	09
装修"天团"	17
庆典风波	25
山林新生	33
田垄中的希望	41
抗旱大作战	49
农田守护者	57
小岛丰收季	65

宇辰

年龄：9岁　身份：青石小勇士队成员

介绍：宇辰是一个勇敢正直的小男孩，遇到困难时总是第一个站出来。他好奇心强，对周围的一切充满探索欲。对科学，尤其是人工智能技术特别感兴趣，脑子里总是充满了各种奇思妙想。他也有一些小缺点，比如有时候会因为太好奇而把自己卷入一些小麻烦。

宇辰爸爸

年龄：42岁　身份：机器人专家

介绍：宇辰爸爸是一位冷静而理智的科学家，即使面对突发状况也能保持镇定。他性格谦虚，对科研事业充满热情，经常沉浸在书海中，不仅爱读科学书籍，而且对历史和军事题材的图书也广为涉猎。在与神秘对手的斗智斗勇中，他多次运用兵法策略化险为夷。

智能宝

年龄：1岁　身份：宇辰的宠物机器狗

介绍：智能宝是宇辰爸爸精心设计的机器狗，不仅继承了宇辰爸爸的冷静和智慧。而且具备小狗活泼和好动的天性。智能宝还拥有多种"变身能力"，可以在特殊时期变成能执行不同任务的机器人，帮助宇辰解决各种难题。

大栋

年龄：9岁半　身份：青石小勇士队成员

介绍：身形有些笨重，但头脑却十分灵活的小男孩，在观察和推理方面很有天赋。待人真诚，说话直来直去。

小米

年龄：8岁半 身份：青石小勇士队成员

介绍：知书达理的小女孩，性格比较谨慎，擅长思考和分析问题。善于倾听他人意见，帮助团队达成共识。

为了获得X晶石,黑衣人先是对青石岛发起军事进攻,被击败后,他们又悄悄溜回岛,偷袭智能宝、放火、暴力开采X晶石引发地震……接二连三的破坏让青石岛满目疮痍,尤其是那场强震,更是给小岛带来了近乎毁灭性的重创!

万幸的是,青石岛上的人们并没有被灾难打倒,大家团结一致,投入了家园的重建。

可是,面对遍地的瓦砾、伤痕累累的大地,想要恢复往昔的美丽家园谈何容易……

重建家园

在黑衣人到来之前,青石岛上的人们一直过着安宁的生活。最近爆发的一系列冲突和灾难,让岛民们**惊慌失措**。

"如今小岛上的电力系统损毁严重,想要重建,几乎是不可能的事。"面对伤痕累累的青石岛,许多人望而生畏,甚至萌生了**逃离**的想法。

"只要恢复电力,小岛重建就有希望。"镇长安抚大家,"我们可以一起想办法!"

经过一番热烈的讨论,宇辰爸爸提出一个大胆而富有创意的想法:既然 X 晶石蕴含巨大的能量,是否可以想办法将它的能量转化为电能,为小岛提供稳定的能源支持。

　　这个想法得到了众人的一致认可。说干就干，大家在海边的老电厂里建造了一个临时反应堆，并通过管道引入海水作为冷却剂。接下来的关键就是设法安全地激发X晶石的能量，利用这股强大的能量加热海水产生蒸汽，进而驱动发电机发电。

　　然而，实验一开始进展得并不顺利。X晶石的能量反应波动强烈，根本不能投入实际应用。不过大家没有轻言放弃，科学家们日夜坚守在实验场，不知疲倦地做着启动试验、安全系统功能试验等，一遍又一遍地调试各种参数……

　　在经过无数次的艰难尝试后，事情终于迎来了转机，X晶石的能量输出逐渐稳定了下来！

　　随着发电机开始持续运转，仪表盘上的指针也稳定了下来，清晰地显示电能正在成功输出。几分钟后，青石岛的夜晚被久违的灯火陆续点亮。在此之前，电网的工作人员也在加班加点地抢修，就等着"来电"的这一刻！

　　有了稳定的能源供应，小岛的重建工作终于能大刀阔斧地展开了。

这天,宇辰带着几个小伙伴来到爸爸的研究所。

"爸爸,我们成立了青石小勇士队,也想为小岛的重建出份力!"一见到爸爸,宇辰就迫不及待地向他介绍。

"哈哈,你们别捣乱就算是帮忙啦!"爸爸正忙着调试机器人,并没太把宇辰的话听进心里。

"哼，爸爸，你怎么能小瞧人呢！"宇辰不开心地嘟起了嘴巴。

旁边大栋也挥舞着胳膊，不服气地大声嚷嚷："叔叔，我们可都浑身有着使不完的劲呢！"

爸爸看着孩子们充满期待的眼神，心中微微一动，想了想，然后认真地对大家说道："其实呀，还真有一项特别重要的任务要派给你们呢。"

小家伙们顿时发出一阵欢呼。

爸爸带着大家来到一块试验场地。只见他的助手正全神贯注地做着记录，一旁的智能宝则不紧不慢地来回走动，像是在执行某项特殊的任务。

"咦，爸爸，智能宝怎么会在这里呀？"宇辰惊讶地问道。

"我们对它进行了一些改造，智能宝现在已经是一台功能超级强大的测绘机器人啦！它能够跑遍整个镇区，对每一片区域进行详细的扫描，为重建工作提供重要的参考数据。"

"哈哈，我的智能宝就像孙悟空一样，会七十二变呀！"宇辰故意提高了嗓门，骄傲地看向小伙伴们。

"智能宝太厉害了！"孩子们纷纷赞叹。

"叔叔，那我们的工作是什么呢？"小女孩小米好奇地问。

"你们的任务就是紧紧跟在智能宝身后，千万别让它走丢了！"

"保证完成任务!"小孩们全都兴奋得**摩拳擦掌**,迫不及待地想要开启他们的"特殊任务"。

"出发!"随着爸爸一声令下,孩子们如脱缰的小马驹一般,跟在智能宝身后跑了出去。

"博士,智能宝身上装有全球卫星定位系统,是不会走丢的。"看着孩子们欢快的背影逐渐远去,助手忍不住说道。

"这些孩子是青石岛的未来,当他们看着自己参与重建的家园一点点恢复生机,那种**成就感**会深深地烙印在心底,成为他们未来前进的动力……"

测绘机器人

大家好，我是测绘机器人，是建筑工程项目中的"小红人"！

在工程前期，我担任"侦察兵"的角色，能迅速获取地形高低、坡度等关键信息，为工程师提供精准数据，帮他们做出合理规划。

施工阶段，我变身"小监工"，密切监控建筑物的位置和形态。一旦发现任何变形或与设计图不符的情况，我将立即报告并提出修正建议。另外，我还能够协助工人精确安装钢梁、钢柱等构件，确保施工质量，将误差降至最小。

测绘机器人可以"上天入地"吗?

"上天入地"的确在测绘机器人的能力范围内哦。"上天"时,它就像无人机一样,能用携带的相机给大片的土地或高高的建筑拍照,然后利用这些照片上的数据,绘制地图或者构建模型,至于"入地",倒不是它能真正钻进土里,而是利用地质雷达对地下情况进行探测,绘制城市的地下管线分布图等。

对于大面积的场景,可以利用多台测绘机器人一起测量吗?

这可是个行之有效的好办法哦!就像要打扫一片巨大的操场时,肯定是大家一起干效率更高。如果只有一台测绘机器人,它要走遍大面积区域的每个角落,会花费很长时间;但要是有许多台,就可以划分区域后让它们同时工作。这些机器人可以通过事先设定好的程序,或者使用通信技术进行实时沟通,来明确各自负责的区域。

注释:
反应堆
就像一口"大锅",里面发生特殊反应,会产生大量热能。

超级"打印机"

每天,青石小勇士队都会在岛上那棵最大的凤凰木下集合,然后将目光齐刷刷地投向不远处正在重建的学校工地。

"新食堂一定要比原来的更大!"大栋边说边兴奋地比划着。

"你们说,暑假结束前学校能建好吗?"小米有些担忧。

"放心吧!"宇辰用力拍着胸脯,信誓旦旦地向小伙伴们承诺,"我爸爸说了,肯定不会耽误大家上课的。"

小队员们顿时欢呼雀跃,有的兴奋地表示要在新教室里举办一场"抗灾小英雄"分享会,有的则计划在新操场上补办冠军球队颁奖仪式……

然而，正当大家沉浸在美好的憧憬中时，重建工作却遇到了重重困难。

小岛上的建筑工人原本就不多，所以工程进展比较缓慢。好不容易等来了岛外的援建队，缓解了人手不足的问题，老天爷却又来出难题，一连好多天掀起狂风暴雨，迫使工人们多次停工，导致学校的重建进度严重滞后。

看着倾盆大雨下个不停，小伙伴们都焦急不已，纷纷找到宇辰询问情况。

"宇辰，再这样下去，开学肯定会延期的……"小米沮丧地说。

"你不是说肯定行吗？"大栋也坐不住了，开始使用激将法，"那你倒是说说，现在该怎么办呀！"

宇辰也急得团团转,"可不能让同学觉得我是吹牛大王!"他一边嘀咕着,一边找出雨衣雨鞋,全副武装,准备去研究所找爸爸问个明白。

这些日子爸爸一直忙得不可开交,常常就睡在研究所,所以宇辰也好久没见到爸爸了。

"爸爸,你一定要想想办法啊!"一到研究所,宇辰就迫不及待地向爸爸抱怨,"现在学校重建慢得像蜗牛,小伙伴们都急得像热锅上的蚂蚁了!"

爸爸不急不躁地听完,嘴角微微上扬,神秘地对宇辰说:"三天后,你把小伙伴们都约到学校,我会给大家一个惊喜。"

三天的时间转瞬即逝,小伙伴们满怀着好奇与期待,早早地来到学校工地,七嘴八舌地猜测着会有什么样的惊喜。

就在这时,一阵震耳欲聋的轰鸣声由远及近,只见一辆超长的卡车缓缓驶来。

卡车上,一台巨型机器格外惹眼。

"这是什么东西?"大栋伸长脖子,眼睛瞪得大大的。

"这是'3D打印机器人'。"爸爸介绍道,"它就像一名拥有神奇魔法的超级工匠,能够依据我们事先设计好的建筑模型,直接用特殊材料进行 3D 打印,快速、精准地制造出我们需要的建筑构件。"

在众人的注视下,工作人员将机器人安装到位并调试好。随后,建筑设计师用计算机调出设计图上的各项数据,并将其发送给了 3D 打印机器人。

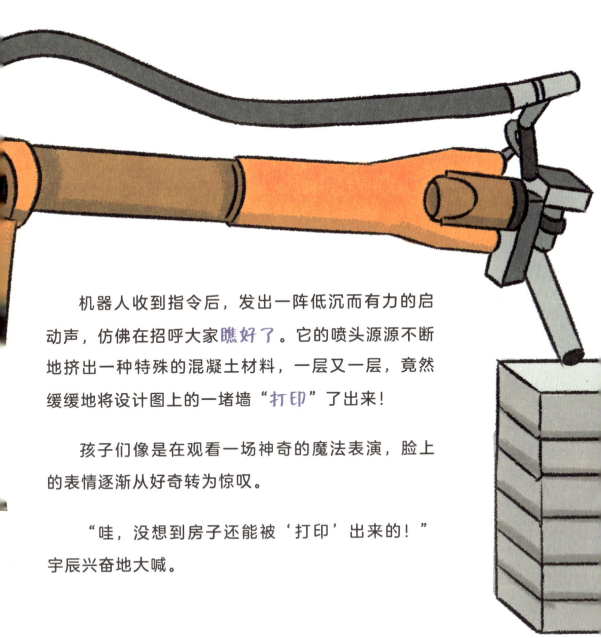

机器人收到指令后,发出一阵低沉而有力的启动声,仿佛在招呼大家瞧好了。它的喷头源源不断地挤出一种特殊的混凝土材料,一层又一层,竟然缓缓地将设计图上的一堵墙"打印"了出来!

孩子们像是在观看一场神奇的魔法表演,脸上的表情逐渐从好奇转为惊叹。

"哇,没想到房子还能被'打印'出来的!"宇辰兴奋地大喊。

小米在一旁连连点头："太神奇了，打印出来的墙和设计图上的一模一样！"

调皮的大栋此时再也按捺不住好奇心，竟然想伸手去触摸正在打印的墙体。幸亏一旁的设计师眼疾手快，及时制止了他，避免了一场可能的小意外。

经过机器人和建筑工人的共同努力，半个月后，一座崭新的学校拔地而起：明亮的教学楼、现代化的操场、宽敞的食堂……每一处都散发着新科技的气息。

不久之后，在3D打印机器人的帮助下，青石岛上一座座医院、公寓也如雨后春笋般出现，那座原本满目疮痍的小岛，涅槃重生了！

3D 打印机器人

嗨,大家好!我是 3D 打印机器人。我的工作方式十分独特,只要给我设计好的三维模型数据和原材料,我就能像一个经验十足的工匠,通过我的喷头,把材料一层一层地堆积起来,慢慢地,你们要的东西就被我"打印"出来啦!

在制造业里,不管是结构奇怪的零件,还是纹路精细的配件,我都能轻松做出来。在医疗领域,我还可以根据患者的身体情况,为他们量身打造出假牙、假肢等。在建筑行业,我能打印出厚实的墙壁、形状奇特的屋顶等,让人们像搭积木一样完成房子的修建。哈哈,我是不是超级厉害!

3D 打印机器人能"打印"出各种玩具吗？

当然可以了。3D 打印机器人可以按照我们的创意，打印出各种富有想象力的玩具。不过现阶段它还不是万能的，有些特别软的材料，比如特别软的橡胶或者毛茸茸的布料，它就很难打印出来，所以毛绒玩具对它来说就完成不了。另外，它的打印台大小有限，如果玩具太大，就得拆开打印，然后再拼起来，这样可能就不太结实了。

3D 打印机器人可以"打印"金属材料吗？

这是可以的。它能用激光等手段将钛合金、铝合金等金属粉末融化掉，然后再凝固，如此重复，一层一层堆起来，塑造成想要的形状。在航空航天领域，这种方法可以用来制作特殊零件；在医疗领域，能做出适合病人身体的金属骨头等。不过，可以打印金属材料的 3D 打印机器人价格还很昂贵，打印时周围环境也需要特别处理，否则会影响打印的质量。

装修"天团"

在 3D 打印机器人的"神助攻"下,小镇的灾后重建工作进展神速。很快,那些受损严重的建筑物就拥有了全新的主体结构,接下来,便是更加精细,也是更具创意的装修环节。宇辰爸爸研究所里的机器人,不光能挑大梁造房子,搞起装修来也是行家里手。各种各样的装修机器人,已经浩浩荡荡地进驻工地啦!

自从亲眼见证了 3D 打印机器人的强大功能后,孩子们对机器人的好奇心和求知欲算是被彻底激发了。在宇辰的软磨硬泡之下,爸爸最终拗不过,答应领他和小伙伴们去一睹"装修机器人"的风采。

他们首先来到学校礼堂的装修现场,**喷涂机器人**正在有条不紊地粉刷墙壁。它的"身体"上连接着输送涂料的管道。当它启动工作模式,机械臂便按照预设的程序,灵活地伸展出去,将喷头对准墙壁,均匀地喷洒出涂料。不过一会儿工夫,一面墙就在它的"**妙笔**"之下,被迅速染上了柔和的粉色。

"这里的空气好像没那么糟糕。"想着要到装修现场,细心的小米提前为大家准备了口罩。不过淘气的宇辰可不愿意被"闷着",他偷偷掀起口罩,发现空气竟然没有想象中的那么难闻。

"这些机器人使用的都是**环保**材料。"爸爸解释道,"环保就是对环境友好,对孩子、老师们的身体友好,不增加超标的污染。"

刚涂完一面墙,喷涂机器人就马不停蹄地来到另一面墙前继续工作。这一次,它不仅为墙面喷上了底色,甚至还喷出了一行标语。

"这机器人不仅是画家,还是书法家呀!"大栋瞪大了眼睛,满脸都是惊叹。

随后,爸爸带着大家来到体育馆。在这里,**地面打磨机器人**正在施展它的独门绝技。只见它的打磨盘高速旋转,宛如一名专注的舞者,从粗糙不平的地面上缓缓碾过,发出"嗡嗡"的声响。

孩子们下意识地捂着耳朵,但目光却紧紧地盯着地面打磨机器人。

"它有着令人称奇的 控制力。"爸爸不自觉地提高了嗓音,"能够精准地把控打磨力度与深度,将体育馆原本坑洼不平的地面打磨得如镜子般光滑。不仅如此,它还配备了先进的自动检测系统,哪怕是地面上非常微小的凸起或者凹陷,它都能第一时间察觉,然后迅速调整打磨角度和力度,一定要让整个地面都平整无瑕。"

"你们再瞧瞧那边。"大家顺着爸爸手指的方向看去,"那是一台 壁纸粘贴机器人,它也很厉害哦!"

只见壁纸粘贴机器人用它那独特的吸盘式手臂,轻松地抓起大幅的壁纸,恰到好处地贴合到墙壁上,然后丝滑地展平,整个动作一气呵成。

灯具安装机器人也是艺高胆大。它配备了精准的定位系统和灵活的机械关节,可以在复杂如迷宫的天花板结构中轻松穿梭,准确无误地安装各种照明设备。无论是小巧精致的壁灯,还是隐藏式的灯带,它都能准确安装到位。

"这支'**装修天团**'可真厉害!"宇辰忍不住竖起两个大拇指,连连夸赞,"相比之下,我们'小勇士队'好像有点弱……"

"其实,我们最近也遇到了一件棘手的事……"爸爸故作为难地说道。

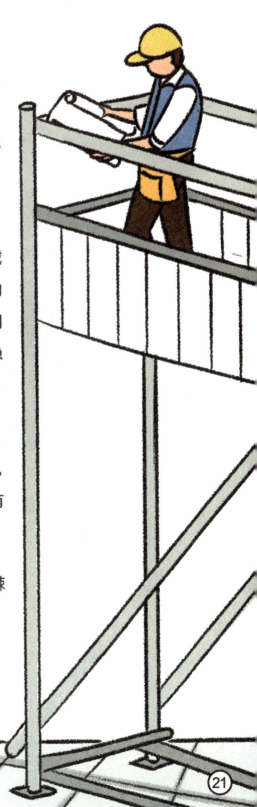

孩子们眼睛一亮,他们可不想错过任何一个能"建功立业"的机会。

"'装修天团'的成员太多了,实在有些占地方。如果能把它们组合到一起,变成一台功能更加全面的'联合装修机器人',那可就无敌了!"

"爸爸,你不会是想让我们去发明'联合装修机器人'吧……"宇辰的表情可比爸爸刚才的更为难。

"那倒不是,哈哈!"爸爸开怀一笑,"不过你们可以尝试用拼插积木构建一下它的外形,也许能给研究人员一些启发。"

孩子们一听,兴奋得摩拳擦掌,还没走出工地,一个个充满创意的方案就"横空出世"了!他们七嘴八舌地讨论着,谁不想在未来造出更厉害的机器人呢?那可真是太酷啦!

装修机器人

大家好,我是涂装机器人,一个玩转色彩的魔术师。我能够精准掌控涂料的流量与方向,确保每一滴涂料都能均匀、细腻地覆盖在墙面上。

这是地砖铺贴机器人,一位地面设计的艺术家。它能快速而精确地测量地面尺寸,巧妙地铺设水泥砂浆,将每一块地砖严丝合缝地拼接起来,创造出既坚固又美观的地面效果。

地面打磨机器人是一位追求完美的工匠大师。它能够依据地面的不同材质,智能调节打磨的力度与速度,消除所有瑕疵,将地面打磨得平滑如镜。

我们的"装修天团"还有许多成员,我们个个都身怀绝技。如果你以后要装修,可记得找我们哦!

装修机器人有自己的审美吗？

装修机器人并不具备与人类一样的审美能力，它主要依靠程序的设定来完成工作。部分高级机器人虽然有学习能力，能分析不同风格的案例，但这也只是识别和模仿，并不是真的审美。要是用户有个性化需求，比如打造童话主题的卧室，它可以抽取和整理数据库中的资料，给出方案，但依然无法从情感层面理解和创造审美，只是机械地按要求完成装修任务。

装修机器人在粉刷墙壁时，会不会不小心把自己也刷成大花脸？

装修机器人的外壳采用特殊材质，类似雨衣拒水的原理，油漆难以附着。工作时，它依据预设程序与传感器反馈操控刷子或喷头，能精准确定与墙面的距离、喷漆角度与速度等，大大降低了油漆飞溅的概率。而且，它的智能监测系统一旦检测到有油漆溅落，会启动自我清洁程序或发出警报，就像人发现弄脏手会去清洗一样，不会让情况一发不可收拾的。

庆典风波

为了庆祝"小岛重生",镇长决定在中央广场举办一场盛大的<u>庆典</u>活动。消息传开后,整座小岛都沸腾了。要知道,这场庆典不仅是全岛久违的盛会,而且会有很多岛外的朋友来参加。

青石小勇士队的孩子们最兴奋,因为活动中将展示他们在重建过程中搭建的机器人模型。他们一大早就<u>迫不及待</u>地跑来布置自己的展位了!

大人、小孩和搬运机器人忙忙碌碌布置了一天。夜幕降临时,舞台已经搭建好,气球也已迎风飘起,连餐饮区都被各种新鲜的水果、小吃和饮料堆满了。食物散发着香甜的<u>气息</u>,被轻轻拂过的海风吹向远方……

"咕咕——"

"大栋,是你的肚子在叫吗?"敏锐的宇辰捕捉到了一些古怪的动静。

"我,我太饿了!"大栋有些不好意思,眼睛不听使唤地朝餐饮区瞄去,忍不住咽了咽口水。

"那些可是明天招待岛外朋友们的,你不能偷吃哦!"小米来提醒道。

"不会,不会,怎么会?"大栋挠挠头,"都搞定了,咱们快回家吃饭吧!"

所有人都满心期待着第二天迎接客人的到来。然而,第二天清晨,当人们陆续来到广场时,都被眼前的景象惊得目瞪口呆——

原本整齐摆放的桌椅东倒西歪,餐盘散落一地,地上满是零食和水果残渣,饮料罐看上去被**暴力**挤压过,溢出的汽水洒得到处都是,整个广场简直一片狼藉。

"不,不是我。"大栋连连摆手,"我吃饭可是很优雅的。"

"该不会是**黑衣人**又回来了吧?"宇辰心头一紧。

警长当机立断,让人去调广场的监控录像。这一看,大家都愣住了,随后有些哭笑不得。

原来,在经历了火灾和地震的双重打击后,原本生机盎然的树林变得焦黑一片,许多动物因此失去了食物来源。**饥肠辘辘**的它们被广场上的食物香气吸引,纷纷赶来觅食,于是造成了这场破坏。

虚惊一场后，当务之急是将现场收拾干净，并重新布置，确保庆典能够按时举行。

"还有三小时，客人们就要到了，这可怎么来得及……"镇长看着手腕上的手表，皱紧了眉头。

"找对帮手就还来得及！"宇辰爸爸拿出手机，给助理打去了电话。半小时后，许多造型各异的机器人出现在了现场。

"这些是清洁机器人。"宇辰爸爸介绍道，"它们擅长执行的清洁任务各不相同，但都有一个共同点，那就是又快又好。"

首先行动起来的是扫地机器人。它们迅速分散到广场的各个角落，底部的旋转毛刷高速转动，发出"嗡嗡"的声音，就像无数把充满活力的小扫帚，快速清扫着地面上的垃圾。

它们灵活地穿梭在桌椅之间，遇到障碍物时会迅速改变路线，丝毫不影响工作效率。那些被踩烂的水果、碎掉的饼干，还有泥土等杂物，统统都被它们清理干净了。

接下来，专门负责清洁地面污渍的洗地机器人出马了。它们通过先进的扫描系统检测到地面上的奶油、果汁等污渍后，会快速移动到污渍上方开始"大展拳脚"。

只见它们从机身内部的储存罐中喷出特制的清洁剂,将地面上那些顽固的污渍溶解。随后,机器人底部的吸水装置开始工作,将溶解的污渍和多余的清洁剂一并吸走,只留下洁静的地面。

在各种清洁机器人的轮番操作下,现场很快就被打扫得**干干净净**。大家抓紧时间重新布置了场地。当最后一批食物摆放好后,小岛外的朋友们也陆续到来了。

青石小勇士队的展区前围满了欣赏机器人模型的孩子。宇辰**绘声绘色**地跟大家讲述他们与黑衣人作战的精彩故事。哦,对了,还有刚刚发生的"庆典风波"!

清洁机器人

嘿,大家好!我是清洁机器人,是人类的好帮手。我有敏锐的传感器,它们作为我的眼睛和耳朵,能帮我感知周围的环境——哪里有障碍物,哪里灰尘多,我都一清二楚。

我工作起来可认真啦!我的底部有旋转的毛刷,就像无数把小扫帚,能把灰尘和小杂物都扫起来。还有强大的吸尘装置,能把垃圾统统吸进我的"肚子"里。如果遇到顽固的污渍,我也有办法,特殊的清洁液会从我的清洁喷头喷出,再配合我的清洁工具,把污渍消灭干净。

我可以自动充电,不需要占用人们太多照顾我的时间。当电量不足时,我会自己找到充电位,"吃饱"后再继续工作。无论是家庭的小角落,还是商场、办公楼这些大地方,我都能让它们变得整洁干净。有我在,搞定清洁很轻松!

为什么家里用的扫地机器人会被"卡"住呢?

这种情况确实挺常见。首先,扫地机器人的底盘有通过尺寸,如果遇到像拖鞋这样又大又扁的东西,轮子容易悬空,机器人就被困住了。其次,家用扫地机器人传感器的灵敏度有限,小型或透明障碍物,如小玻璃珠等,容易被卡在盲区。最后,如果地面状况太复杂,也会影响机器人工作,比如地板上的毛线会把机器人的刷子或轮子缠住等,导致机器人无法行动,只能原地"罢工",等待主人救援。

清洁机器人可以完全代替环卫工人吗?

目前来说,清洁机器人还无法完全替代环卫工人。在工作环境方面,户外的挑战太多了:街道上乱停的车辆、突然冲出来的行人等,都会妨碍机器人工作。在垃圾处理方面,大体积的建筑废料、特殊的食物残渣与动物粪便等,常让机器人"不知所措",环卫工人却能巧妙清理。遇到突发状况,像交通事故产生的碎片、下水道积水等,机器人也难以应对自如。这时候,富有经验的环卫工人却能高效完成清扫工作。

山林新生

宇辰最近察觉到了一件**怪事**——每天清晨，爸爸总是背着个大包悄悄出门，回来时鞋上却满是泥土。宇辰把这个发现告诉了小伙伴们，大家顿时炸开了锅，七嘴八舌地猜测起来。

"满是泥土，会不会是上山去了？"大栋一秒开启"推理模式"，煞有介事地分析了起来。

"会不会是有**宝藏**？被叔叔发现了……"小米也来了兴趣。

分析来分析去，大家决定在这个周末悄悄跟踪宇辰爸爸，将这件事查个**水落石出**。为此，宇辰还派出了智能宝作先锋，这样他们就能轻松追踪到爸爸的去向了。

大家跟着智能宝,一路来到山林里一个很偏僻的地方。只见就在前面不远处,爸爸正放下背包,从里面拿出了一把铁铲。

"哇,真的有宝藏!"大栋激动得差点喊出声,好在宇辰反应快,一把捂住了他的嘴。

只见宇辰爸爸开始认真地在地上挖呀挖。小伙伴们都屏住呼吸,眼睛一眨不眨地盯着。

就在这时,宇辰爸爸好像挖到了什么,他蹲下身,从土里取出一些东西,小心翼翼地放进一个盒子里。

大栋再也按捺不住强烈的好奇心,一下子从藏身处冲了出来:"叔叔,你的秘密被我们发现了,你到底在挖什么宝藏?!"

宇辰爸爸被这突如其来的状况吓了一跳，看清是孩子们后，无奈地笑了："什么宝藏啊，你们这些小鬼，我这是在采集<u>土壤样本</u>呢。"

"采集土壤？为什么呀？"大家满脸疑惑。

"这片山林之前受到了很大的破坏，我们得想办法恢复它的生态。只有通过检测这些土壤，才能知道问题出在哪儿，从而找到解决办法。"

"那为什么要躲着我？"宇辰嘟着嘴巴，一脸的不开心。

"因为这项任务对数据的精确性要求很高，如果你们青石小鬼头跟着上山，在山林里<u>嬉笑打闹</u>，很可能会破坏采样点……所以我才没告诉你们。"宇辰爸爸有些不好意思地说出了实情。

"叔叔,我们是青石小勇士队。"大栋不满地纠正道。

"关键时刻,我们肯定能帮上忙的。"宇辰不服气地说。

"既然被你们发现了,那就一起来吧。"爸爸指了指几个取土点,让大家一起帮忙采集土壤样本。

人多力量大,经过半天的努力,大家采集到了足够的土样,贴上了对应的标签,带回了研究所。研究所里,一台大型机器正在工作。

"这是土壤检测机器人。"爸爸介绍道,"它能够精确地分析土壤的酸碱度、湿度、成分等,还能检测出是否存在有害物质。"

很快,机器人就得出了检测数据。

"污染比我们预想的要严重。"爸爸看着数据,眉头紧锁,"之前黑衣人爆破产生了大量的污染物,这些污染物已经随着雨水渗入土壤。另外,地震引发的山体滑坡使一些含有重金属的矿物质暴露在地表,这也是污染的源头之一。"

"那要怎么做才能治理这些污染呢?"宇辰急切地问。

"大家不用急,现在已经找到了污染源,环境专家会制定专门方案来应对的。"

一周后,处理方案出来了:对于爆破产生的污染物,使用一种特殊的微生物菌群来分解,将它们转化为无害物质;对于重金属污染,则采用植物修复的方法,利用植物的生长来吸收土壤中的重金属。

几个月过去，山林面貌**焕然一新**。曾经焦黑的土地上，如今绿草如茵，树木葱郁。鸟儿筑好了新巢，松鼠在林间跳跃，一派生机勃勃。

"看，我们的树苗都长高了！"这天，宇辰爸爸带着孩子们**重返**山林，新气象让大家都兴奋不已。大栋还开玩笑地说："这树长得比我快，下次得让它等会儿我了！"

这时候，爸爸启动了一台小型土壤检测机器人。机器人忙碌了一会儿，屏幕上显示山林里的土壤质量已经得到了大幅**改善**。

"看来，咱们的小树苗不仅长得快，而且还是医治土壤的小英雄呢！"爸爸笑道，"山上的问题解决了，接下来，还有更大的**挑战**等着我们……"

土壤检测机器人

嗨,我是土壤检测机器人!我有两种类型,一种是实验室型,另一种是田地型,两种类型各有所长。

实验室型主要在实验室里工作,配备有精密的仪器,可以进行复杂的分析,比如测定土壤中的微量元素和微生物活性等。这种深度分析有助于科技人员全面了解土壤健康,为长期的土地管理和作物种植提供科学依据。

田地型就小巧得多了,可以直接在田地里工作,能够实时测量土壤的基本数据,如水分、温度、酸碱值等,并通过定位系统记录下每个测试点的位置,确保数据的准确性和可追踪性。

无论是哪种类型,我的目标都是帮助人们更好地管理土地资源,提高农作物的产量。

土壤检测机器人只能在室内工作吗?

室内环境相对稳定,干扰因素少,机器人可以更精准地检测一些特殊的土壤指标。但是,这并不意味着它不能在室外使用。室外虽然环境复杂,但机器人通过自身的防护设计和强大的移动能力,也是能够开展土壤检测工作的。

移动的土壤检测机器人是如何应对恶劣天气影响的呢?

土壤检测机器人的外壳是用防水、防锈金属或高强度塑料制成的,连接部位还有密封设计,可以防止雨水渗进电路。它们通常底盘低矮,重心稳定,遇到大风时,底盘四周的金属锚杆还可以插入土中固定。如果天气十分恶劣,它们也会暂避锋芒,停止检测,等天气好了再开工。

田垄中的希望

青石岛上的土地资源原本就很有限,在经历了与黑衣人的战斗后,不光是山林,耕地也遭到了几乎毁灭性的破坏。尤其是靠近战场核心的耕地,因为遭受各种机械的碾压,土壤都板结了。

"板结是什么意思?"看着专家们在田地里取样,大栋提出了自己的疑问。

"这个……"宇辰倒是查过一些资料,"就是土壤结构因为各种原因遭到了破坏,之前战斗中出动的重型武装,还有救援时使用的大型装备,把耕地给压坏了。"

"那现在该怎么办呢?"小米摸了摸脚下的土地,不仅硬邦邦的,还结成了一块一块的。

"得用专业的松土机把硬土弄松，再放入蚯蚓。蚯蚓在土里活动，挖通道什么的，能让土壤更透气、透水，慢慢地，土壤结构就变好了。另外，蚯蚓的粪便还含有许多营养元素，能让土壤变肥沃。"

"宇辰，你怎么懂得这么多！"大栋既吃惊又佩服，"果然学霸都在悄悄努力！"

听大栋这么一说，宇辰的脸"唰"的一下就红了，他赶紧解释道："大人们都在忙着改善耕地，咱们青石小勇士队也不能落后。这些知识也是我刚学的，想着准备充分后，去向镇长申请一块小勇士队的专属试验田。我们自己种庄稼，这多酷啊！"

大家伙一听宇辰这么说，都拍手叫好。

在队员们的努力争取下,镇长也**欣然应允**,批了一块田地,由他们全权负责。孩子们按照科学的土壤优化方案改良耕地。经过大家的努力,原本贫瘠的土地逐渐恢复了活力。

"可以开始**播种**啦!"不久之后,宇辰从土壤检测机器人那里得到最新的检测报告,上面显示这块耕地的各项指标,都已经达到适合农作物生长的理想状态。

大栋鬼点子最多,他特意在田中间插上一面旗帜,旗帜上醒目地写着"青石小勇士队"几个大字。播种这天,小队员们一个个**精神抖擞**,头上戴着遮阳帽,脚下蹬着胶鞋,迫不及待地学着大人的模样,在田地里弯腰弓背,利落地忙活起来。

一开始,大家还干劲十足。然而,随着时间一分一秒地过去,大栋最先感到体力不支,抱怨道:"哎哟,今天真是热得不行,我得停下来歇会儿。"

小米也擦着额头边的汗水,轻声叹道:"没想到种地这么辛苦,比我预想的要难多了。"

接着,其他几个孩子也陆续放下手中的农具:有的开始在田间追逐嬉戏;有的则在地上胡乱挖几个小洞,随手丢进几颗种子;还有的甚至聚在一起,热火朝天地讨论起最近流行的网络游戏……

就这样拖拖拉拉地忙活了一个星期,才终于完成了这块小小田地的播种任务。

一转眼，种子该发芽了。当大家满怀期待地来到地里查看时，眼前的景象却令所有人大失所望。只见田地里的芽尖稀稀拉拉，发芽情况极为糟糕。

"大栋，都是因为你带头偷懒！"孩子们开始埋怨起来。

"哼，你们……"大栋气得满脸通红，"你们也没少磨洋工！"

"大家不要吵啦，现在最要紧的是看能不能补种，要不然就要错过最佳播种期了。"宇辰冷静分析道。

"但是这活儿我们得干很久……"小米的话仿佛一盆冷水浇来，小伙伴们垂头丧气地坐在田埂上，十分沮丧。

"或许我爸爸有办法！"宇辰赶紧给爸爸打去了电话。

通完电话后不久,宇辰爸爸就带来了一台**播种机器人**。

"这台播种机器人能够精确计算出每颗种子的播种间距和深度,确保每一粒种子都能被准确地播撒在合适的位置。"宇辰爸爸介绍道。

很快,播种机器人便穿梭在田间地头,不知疲倦地忙活起来。不到半天工夫,它就完成了所有**补种**任务!

在随后的日子里,孩子们每天都怀着**忐忑不安**的心情来田边查看。终于,在一个宁静的清晨,他们惊喜地发现,田地里已经布满了密密麻麻、宛如繁星般的嫩绿芽尖。一夜之间,小勇士的试验田焕然新生啦!

播种机器人

嗨,大家好!我是播种机器人。我有双敏锐的"眼睛",一到田间地头,我就能精准洞察土壤的各项状况,包括松软度、湿度与肥力等,同时依据作物种类,用内置的芯片算出种子的最佳播种间距与深度。

我还有双灵巧的"小手",能根据种子的个头大小等特点自动调适,轻柔且精准地将种子种进土里。为了能在各类耕地上自由行走,我既可以安装"小轮子",也可以换装"小履带"。我的任务很明确,那就是快速完成播种任务,大幅减轻人们的辛苦劳作,为农业大丰收打好基础!

种植机器人是如何在田间"穿梭",而不破坏周围农作物的?

种植机器人配备了精准导航系统,可以依靠卫星的高精度定位,规划出自己在田间行进的最佳路线。灵活的机械结构让它在田间进退自如,机械臂与轮子能多角度伸缩、旋转,遇到作物时可以及时收起机械臂,自动调适轮子,以免碾压农作物。它身上的传感器还能探测与农作物的距离,一旦过近就及时发出信号,避免误采误伤。

种植机器人是如何判断不同种子应该种多深的呢?

种植机器人拥有"种子种植深度数据库",像芝麻种1~2厘米深,花生种3~5厘米深等,它都一清二楚。种植机器人配备的土壤探测传感器,能检测土壤质地与湿度。如果土壤松软,种子就可适当种深些;如果土壤紧实,那就种浅些。播种时,机器人会综合种子类型与土壤状况,借助机械装置,把种子种到最合适的深度,保障种子的顺利发芽和生长。

抗旱大作战

在接下来的日子里，只要一有空，孩子们就像一群欢快的小鸟飞向田间，满心期待地观察着那些嫩绿的幼苗。每一片新叶的**萌发**，都如同一个小小的惊喜，让孩子们兴奋得又蹦又跳。

然而好景不长，一场灾难悄然降临。在随后的两个月里，天空像是被一块巨大的铁板封住了一般，没有下一滴雨。岛上仅有的几口水井也逐渐**干涸**。农作物被烈日烤得无精打采，原本翠绿的叶片变得枯黄卷曲，个个低垂着头，失去了往日的生机。

小岛上的人们心急如焚，赶紧聚在一起商量**对策**。

宇辰爸爸经过**深思熟虑**后，说出了自己的想法："现在唯一的希望就是把远处的溪流引过来，这件事虽然难办，但却是拯救庄稼最实际的办法。"

"这可是个**大工程**啊，"有人提出了质疑，"短时间内恐怕很难完成。"

"咱们不是有机器人吗？"还没等爸爸答话，宇辰就抢先站起身来，"机器人很厉害，它们一定能帮上大忙！"

"没错！有机器人在，我们一定能渡过**难关**！"小伙伴们齐声附和道。

"我们相信博士，他可是带领我们打了好多场胜仗。"小岛上的居民们也纷纷加入支持的行列。

于是，一场与干旱的**战斗**迅速打响！

宇辰爸爸先是派出了**勘测机器人**。经过几天的实地考察，勘测机器人找到了一条最为合适的引水路线，这条路不仅距离较短，施工难度也相对较小。接下来，身形魁梧的**挖掘机器人**登场了。它日夜不停地运转起来，经过几天的连续奋战，远处溪流的水终于被引到了农田附近的水塘中。

看着汩汩流淌的水源，小勇士队的孩子们都兴奋不已，他们满心想着要为灌溉庄稼出一份力。宇辰急匆匆地跑回家，把家里能找到的水桶、水盆一股脑儿地都拿了出来，甚至连平时用来泡脚的桶也没落下。其他孩子也纷纷效仿，顶着各种装水的容器奔向田间。

"孩子们,别忙活啦!"宇辰爸爸看到孩子们滑稽的样子,赶紧劝阻道。

就在大家疑惑不解的时候,几辆模样奇特的"小车"缓缓驶来。其中一辆小车后面拖着一条长长的管子,一直延伸到沟渠中。机器人头顶上还伸出了长长的机械臂,机械臂的顶端安装了喷头,正在为农作物们进行一场酣畅的"淋浴"。

"这辆小车会自动行驶,还会喷水!"大栋满脸惊奇。

爸爸走上前来,向大家介绍道:"这是'**喷灌机器人**',和固定的自动喷灌设备不同,它可以被派去任何一块农田,进行灌溉作业。"

大家正连连夸赞时,另一台小车也驶入田中。它的车身采用坚固的金属材料制成,表面涂着一层灰色金属漆,在黄土地上显得十分出众。机器人顶部装有一组类似眼睛的扫描仪,正四下转动。

"这又是什么机器人？"宇辰问道。

"这是'施肥机器人'。"爸爸继续讲解，"它的身体里有几个小格子，每个格子装着不同种类的肥料。它用顶部的扫描仪和土壤检测仪器，检查每株作物的生长情况。如果发现叶子发黄，就是缺氮肥，那么需要撒下氮肥；如果果实长得不好，就要补上磷肥……它就像一个医生，能诊断作物的病症，并给出合适的肥料，让作物长得又高又壮。"

在这两台机器人的帮助下,以前那些**又累又重**的农活一下子变得轻松起来。孩子们也兴奋地跟着机器人在田埂上跑来跑去。他们认真观察着机器人的每个动作,心里琢磨着回去后,得用拼插积木设计出属于自己的农业机器人。

在大家的悉心照顾下,田里的庄稼一天比一天有精神,原本泛黄枯萎的叶片重新泛出鲜绿的光泽,干瘪皱缩的果实也日益饱满圆润。这片在不久前因为干旱而变得死气沉沉的土地,现在又充满了希望,到处都是一片**生机勃勃**的景象,仿佛在告诉大家,**丰收**的日子不远啦!

灌溉机器人

大家好,我是一台灌溉机器人。我有着小巧而坚固的车身,装配的轮子或者履带能让我在田地间如履平地。我的"最强大脑"内置高精度的湿度传感器,能时刻感知土壤湿度的变化。一旦发现土壤水分低于设定标准,就会迅速启动水泵,抽取水源并均匀喷洒。

另外,我还能根据农作物的种类、生长阶段,智能调整灌溉水量与频率,确保每一株植物都得到恰到好处的滋养。无论是烈日炎炎,还是干旱少雨,我都能全方位地守护农田,让农作物们"喝饱水"!

与人工灌溉相比，使用机器人灌溉更节水吗？

那是当然的了！机器人身上装配的传感器，能让它们对土壤当下的情况了如指掌，从而将适量的水精准送往需要灌溉的地方。另外，机器人灌溉时会按设定好的路线与模式作业，避免了人工灌溉时的重复或遗漏。只要机器人的传感器没出故障，灌溉程序设定正确，就能比人工灌溉更节水。

在沙漠里可以使用灌溉机器人吗？

当然可以。在沙漠里使用灌溉机器人，能更精准地控制水量，把水不多不少地浇到植物根部，从而节省珍贵的水资源。不仅如此，灌溉机器人还能扛住沙漠里的风沙，白天不怕热，晚上不怕冷。当然了，因为沙漠里水源稀缺，所以使用灌溉机器人的前提，是已经构建好了远距离的输水管道等供水系统。

农田守护者

小岛的生态环境日益改善，吸引了大批鸟雀前来栖息觅食。

夏日如约而至，田野里的众多农作物都进入了成熟的关键期。来小岛安家的鸟雀们，常常**成群结队**地穿梭在农田之中，面对饱满的谷粒从不嘴下留情。它们有时还会停歇在玉米秆上，用利喙撕开玉米外皮，大快朵颐地吃起鲜嫩的玉米粒。菜园也未能幸免，青菜的叶子被鸟雀啄得千疮百孔，一片狼藉。

为了保护农作物免受侵害，青石小勇士队的孩子们精心策划并启动了"稻草人计划"。

他们找来稻草与木棍，捆扎成人形；又找来旧衬衫与破帽子，精心装扮稻草人。

"四个稻草人，分别镇守东南西北四方，这下看谁还敢来 偷吃 我们的庄稼！"宇辰像个指点江山的大将军，信心十足地说道。

起初，那些鸟雀见到田间冒出的"不速之客"，都被吓得不敢 轻举妄动。然而，渐渐地，当它们察觉到稻草人纹丝不动，毫无威胁时，一些胆大的麻雀率先落在田边， 战战兢兢 地啄了一口地上的杂草，见依旧安然无恙，便壮着胆子向田里的庄稼发起进攻。其他鸟雀见状，也纷纷效仿。

"稻草人计划"宣告 失败 ……

"咱们做的稻草人,真成了草包,管不了一点用呀。"看着鸟雀肆无忌惮地来偷吃,着急的大栋干脆拿起稻草人的帽子驱赶鸟群。

"我们也不能一直守在地里呀……"小米也皱起了眉。

宇辰一时也没了主意,晚上回家后,更是急得连饭都不想吃了。

爸爸敏锐地察觉到儿子的异样,关切地询问道:"儿子,遇到什么难事了?怎么连老爸王牌卤鸡腿都吃不下了呀?"

宇辰无奈之下,只好将事情的前因后果一五一十地讲给了爸爸听。

"别着急,明天我去帮你们把那些稻草人改动一下,保证鸟雀都不敢再来了。"

宇辰一听,立马**转忧为喜**。第二天,他迫不及待地将这个好消息告诉了小伙伴们。大家一扫之前的沮丧,结伴前往田间。正巧碰上宇辰爸爸带着助手从庄稼地里走出来。

"爸爸,我们的稻草人都被改造好了吗?"

"都**搞定**了。"爸爸点点头。

小伙伴们赶紧围拢到稻草人身边,这瞧瞧,那看看,却始终没有发现稻草人与之前有什么变化。

"叔叔,这稻草人看起来和之前没有什么区别呀!"大栋有些失望。

"别急,"爸爸故作**神秘**地说,"等下你们就知道其中的奥秘了。"

果然,之前还在田间肆意撒欢的鸟雀,这时候就像收到神秘指令一样,消失得干干净净。宇辰与小伙伴们满心疑惑,在田间等了很久,都没再见到鸟雀飞来。

"爸爸,这到底是咋回事呀?"

"我在每个稻草人里都装了农业监测机器人,"宇辰爸爸笑着向孩子们解释道,"并且还给它们添了个新功能,那就是发出一种特殊频率的声波,鸟雀害怕这种声波,所以就不敢靠近了。"

听完爸爸的话,大栋宇辰又凑近稻草人旁边仔细观察,这才发现稻草人的"眼睛"竟然还会动!

"我知道了,稻草人的眼睛就是机器人的摄像头!"宇辰恍然大悟道。

"叔叔,您说这些机器人叫'农业监测机器人',那它们的主要任务是什么呢?"小米提出了疑问。

"这个问题提得很好!"宇辰爸爸夸奖道,"农业监测机器人的主要任务是收集与农作物生长有关的关键信息,比如土壤的湿度、肥力、酸碱度等,这些信息能帮咱们确定啥时候该浇水、施肥。它还能监测病虫害,以及温度、光照这些气象数据,帮助我们把农作物照料得更好。"

从这天起,被改造后的"智能稻草人"日日夜夜坚守在田间地头。当盛夏的风拂过麦田,一场关于丰收的盛大庆典也即将揭开帷幕。

农业监测机器人

大家好,我是农业监测机器人,是现代种植业、畜牧业的智能小帮手。我能够自主或遥控运行,通过高精度的传感器收集农田环境中的各种信息,包括土壤、农作物生长状态和气候等,为农田的科学管理提供决策支持。

此外,我能通过图像识别技术,对牲畜的行为和健康状况进行实时监测,为牧场的养殖管理出谋划策。

"民以食为天。"农业和畜牧业与每个人的吃喝都有关,我很骄傲能在这两个领域大展身手!

有了农业监测机器人,我们就可以坐在家里观看农田"直播"了吗?

的确如此。许多先进的农业监测机器人配备了高清摄像头和传感器。这些摄像头就像是机器人的眼睛,能够实时捕捉农作物的生长画面。它们可以将拍摄到的画面通过无线网络传输到农田主人的手机、计算机等设备上。如此一来,即使我们人在家中坐,也能及时了解农作物的叶子颜色有没有变化、植株有没有长高、有没有遭受病虫害等情况了。

农业监测机器人是如何与其他农业机器人一起"并肩作战"的呢?

农业监测机器人能将土壤湿度、作物需水情况及养分缺失等信息,传递给灌溉机器人与施肥机器人,指导它们精准作业,避免资源浪费。在收获时,监测机器人能协助评估农作物成熟度,并把相关数据传输给收割机器人,方便其规划收割路径与顺序,提升收获效率。它们相互配合,各自发挥专长,共同推动农业生产朝着精准、高效、智能的方向发展。

小岛丰收季

青石岛终于迎来了**丰收季**！一时间，整座小岛又忙碌了起来。研究所的新发明——收割与采摘机器人，刚组装完毕，就投入了"实战"。

"爸爸，这……也没什么特别的嘛。"宇辰看着**收割机器人**，提出了自己的质疑，"联合收割机也可以一次性完成农作物的收割、脱粒等多个步骤，为啥还要发明机器人？"

"收割机器人个头更小，比联合收割机更能适应多种地形，"爸爸解释道，"尤其适合在小块耕地上劳作。另外，它可是无人驾驶的哦！"

与此同时，菜地里，**采摘机器人**也忙碌了起来。

采摘机器人利用先进的感应技术，能快速扫描并识别成熟的蔬果。比如发现一颗成熟的西红柿时，机器人会用特制的采摘器轻柔地夹住果蒂，然后干净利落地剪下果实，确保西红柿**完好无损**地落入收集容器。

采摘青椒时，机器人会根据其形状和生长位置巧妙调整动作，然后轻轻一扭，青椒便被顺利摘下。面对茄子，机器人则会先用柔软的硅胶手稳稳地托住果实，再小心翼翼地将其从茎上切下……

第一批采摘下来的蔬菜被精心分类，它们将作为**丰收庆典**的食材，被送去烹饪。

为了庆祝今年的丰收，岛民们再次汇聚在中心广场。大家一扫农忙的疲惫，欢声笑语，尽情享受着用新鲜农作物烹制的美味佳肴。

镇长满脸笑意地站起身来，手握一枚熠熠生辉的 荣誉勋章，郑重地说道："这一年里，青石岛经历了诸多考验与挑战，但我们都一一渡过了难关。在此过程中，博士的付出尤其令人 敬佩。现在，我谨代表全体岛民，授予您这枚勋章，以表彰您的卓越贡献与不懈努力。"

面对这份意外的荣耀，宇辰爸爸瞬间有些手足无措。在众人的掌声中，他从镇长手中接过那枚沉甸甸的勋章。

不久之后,青石岛上落成了一座机器人博物馆,馆内展示了一系列功能多样的机器人,从能够攀爬墙壁的爬壁机器人,到用于危险品处理的排爆机器人,再到挖掘机器人、采摘机器人……这些机器人光彩熠熠,似乎在向每一位来访者讲述它们在岛上的非凡经历。

开馆之日,作为博物馆的名誉馆长,宇辰爸爸向参观者介绍博物馆的特约讲解员——

"今天,我们非常荣幸地邀请到了'青石小勇士队'的队员们。接下来,将由他们为我们作详细介绍……"

话音刚落,智能宝就率先蹦了出来,紧随其后的还有宇辰、大栋和小米。三人佩戴着麦克风,准备带领岛内外的参观者探索这座充满故事的机器人博物馆。

"大家看,这是我们的超级收割机器人!"大栋挥着手,引领着一群好奇的"小脑袋"来到展区前,"这家伙可聪明了,它不仅能自动驾驶,还能快速识别农作物是否成熟!"

"这是消防灭火机器人。"另一边,小米也开工了,"它有着不畏火海的实力,外壳特别耐热,即使面对熊熊大火也能勇往直前。不仅如此,它还能精准控制喷水的力度和角度……"

一旁的宇辰也忙得不亦乐乎:"你们相信吗?有一次,排爆机器人面对一个随时可能爆炸的装置,它只是轻轻举起小钳子,'咔嚓'一声,就轻松剪断了引线,拯救了所有人!"孩子们听得目不转睛,仿佛亲历了那场惊心动魄的战斗。

送走第一批参观者后,宇辰站在博物馆的入口,心中沸腾着一股前所未有的力量。这一刻,一个伟大的梦想在他心底燃起——他要追随爸爸的脚步,创造出更多可以改变世界的机器人。今天,是他梦想启程的新起点,一个充满挑战的未来正等待着他,以及所有怀揣科技梦想的孩子们去开创!

采摘机器人

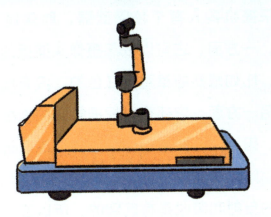

大家好！我是一台采摘机器人。凭借先进的传感技术和人工智能算法，我能够精准地找到农作物的位置，并判断它们是否已经成熟。接着，我会用灵活的机械臂轻柔而迅速地完成采摘任务，同时确保不会伤害到植物。

如今，我和我的伙伴们已经被广泛应用于各种作物的收获中，例如苹果、橙子、番茄和黄瓜等。当然，我们仍然面临一些挑战，比如在复杂多变的自然环境下保持高精度操作，以及降低制造成本等。不过，科学家们正在不断努力，未来我们将变得更智能、更节能，并能适应更多作物的采摘。

采摘机器人是如何分辨果实是否成熟的呢?

采摘机器人有个秘密武器,那就是"视觉识别系统"。一方面,它可以依靠摄像头捕捉的果实颜色来做判断,比如成熟的草莓是红色的,没有成熟的是青白色的。另一方面,它还可以根据果实的大小和形状差异做判断。因为经过大量图像数据的训练,机器人已经掌握了不同阶段果实的特征。此外,由于不同成熟度的果实,对光的反射和吸收是有区别的,所以通过红外光谱的检测,也能准确分辨果实是否成熟。

采摘机器人能采摘像西瓜那样大的水果吗?

这可难不倒采摘机器人。它们的机械臂强大灵活,关节转动自如,在精准定位西瓜后,可以根据西瓜的大小灵活施力,准确收割。为了保证不损害瓜体,采摘机器人还配备了柔软的衬垫和柔性的夹具,既能稳稳抱住西瓜防掉落,又不会把西瓜夹坏。

写在最后的话

小读者们,大家好!我是陈晓东,一位机器人科学普及工作者,同时也是中关村融智特种机器人产业联盟的联合创始人。从最初接触特种机器人开始,我便将投身机器人的科学普及工作作为我毕生的追求。

"探索无止境,知识是基础",这是我对科学少年的寄语。为使更多的青少年了解科学知识,掌握科学方法,为新质生产力的蓬勃发展培养后备力量,目前,我们团队已与抖音合作,制作并上线了100条机器人科普短视频。未来,我们还将打造"科学少年"品牌,通过科普视频课程与实践活动相结合的方式,激发青少年的想象力、创造力,带领青少年积极探索未知,勇敢追寻梦想,共创美好未来。

在"机器人家族"系列图书中,作战机器人、救援机器人、重建机器人陆续登场,为大家上演了一个个精彩纷呈的故事。这些机器人很多都源于我国自主研发的机器人。其中大部分都来自中关村融智特种机器人产业联盟的成员单位。未来,成员单位还将凭借"天汇具身智能系统",为机器人提供核心智脑等关键技术。

书中涉及的机器人还有许多本领,受篇幅所限,没能在故事中更全面地展开。如果你们还想进一步了解这些神奇的机器人,可以扫描下方的二维码,观看与它们有关的精彩视频。

陈晓东

采摘机器人

测绘机器人

农业环境监测与
病虫害识别机器人

扫地机器人

智能灌溉机器人